Bin gut angekommen :)

Impressum

Bibliographische Information der Deutschen Bibliothek:
Die Deutsche Bibliothek verzeichnet diese Publikation in der Deutschen Nationalbibliographie; detaillierte bibliographische Daten sind im Internet über http://dnb.ddb.de abrufbar.

BW Bildung und Wissen
Verlag und Software GmbH
Südwestpark 82
90449 Nürnberg

Tel. 0911 / 9676-0
Fax 0911 / 9676-189
E-Mail: serviceteam@bwverlag.de
http://www.bwverlag.de

Umschlaggestaltung: Jacqueline Uhl, Nürnberg
Layout und Satz: Rolf Wolle, Fürth
Lektorat: Barbara Lösel, www.wortvergnuegen.de
Druck: Frischmann Druck und Medien, Amberg

ISBN: 978-3-8214-7690-2

Ingrid Ute Ehlers, Regina Schäfer

Bin gut angekommen :)

Die wichtigsten sozialen Spielregeln für Azubis

Bildung und Wissen Verlag
www.bwverlag.de

Inhalt

1

LOG-IN

Nutzerhinweise für dieses Buch

Liebe Leserin, lieber Leser,

Sie haben Ihren Schulabschluss in der Tasche und haben sich erfolgreich um einen Ausbildungsplatz beworben? Glückwunsch! Der erste Schritt für einen guten Start ins Berufsleben ist getan. Doch spätestens am ersten Arbeitstag wird klar, dass sich für Sie beim Eintritt ins Berufsleben mehr ändert als nur der Tagesablauf. Nachdem Sie jetzt Teil eines Unternehmens sind, werden neue Anforderungen an Ihre Umgangsformen, an Ihr Kommunikationsverhalten, an Ihre Teamfähigkeit, an Ihre Kritikfähigkeit und an Ihre äußere Erscheinung gestellt.

Jeder Beruf hat zwei Seiten, eine fachliche und eine soziale. Zur fachlichen Seite zählen das berufliche Wissen und die Arbeitsleistung. Zur sozialen Seite gehört der Umgang der Menschen miteinander. Denn im Beruf arbeiten Sie mit Menschen unterschiedlichen Alters zusammen. Die einen haben andere Vorstellungen von dem, was im Leben wichtig ist, als Sie – bei den anderen unterscheiden sich die Lebensumstände stark von Ihrer Situation. Und das ist schon etwas anderes als der Umgang mit Gleichaltrigen.

Damit das Miteinander am Arbeitsplatz trotzdem funktioniert, gelten im Beruf andere Spielregeln, als Sie es bisher aus Schule oder Freizeit gewohnt sind. Die gekonnte Anwendung dieser Spielregeln nennt man auch soziale Kompetenz. Und die wichtigsten sozialen Spielregeln, um im Beruf durchzustarten, finden Sie in diesem Buch.

Am Arbeitsplatz sind Sie – wie die anderen Firmenangehörigen auch – Mitglied eines Teams, das an der Verwirklichung der Unternehmensziele mitarbeitet. Wenn Sie beruflich erfolgreich sein wollen, sollten Sie Ihr Verhalten gegenüber Vorgesetzen, Kolleginnen und Kollegen, Kunden und Geschäftspartnern an dieser Tatsache ausrichten.

Das erwartet Sie in diesem Buch:
In fünf Kapiteln werden die wichtigsten sozialen Spielregeln vorgestellt und erläutert. Jedes Kapitel beginnt mit einer Geschichte aus dem Leben eines Azubis – so wie sie tausendfach an jedem Arbeitstag passiert. Bei den Heldinnen und Helden der Geschichten – Sandy, Tobias, Niko, Britta, Marco und Daniela – kommt es wie so oft: Es geht einiges schief. Und da fragt man sich natürlich, warum. Im Anschluss an jede Geschichte zeigt eine Rückblende, was bei den handelnden Personen nicht funktioniert hat, und erläutert auch die Gründe dafür. In dem speziell für Sie aufbereiteten Kompaktwissen lernen Sie anschließend die wichtigsten Erkenntnisse über soziale Kompetenz kennen. Praktische Tipps und zahlreiche Beispiele bringen das Thema auf den Punkt. Jedes Kapitel schließt mit einem Praxistest zum vermittelten Wissen ab. Prüfen Sie anhand dieser Fragen, was Ihnen dieses Buch gebracht hat.

Und denken Sie daran: Die Übung macht´s. Die Beherrschung der wichtigsten sozialen Spielregeln – und damit die Anwendung von sozialer Kompetenz – hilft Ihnen auch im Privatleben, Beziehungen zu anderen Menschen herzustellen und erfolgreich zu pflegen – also einfach gut anzukommen. Nutzen Sie also gerade die täglichen Begegnungen mit fremden Personen, um diese Spielregeln anzuwenden. So trainieren Sie Ihre soziale Kompetenz. Dann sind Sie bestens vorbereitet auf das Miteinander am Arbeitsplatz.

Dabei wünschen wir Ihnen viel Erfolg!

Ingrid Ute Ehlers & Regina Schäfer

Schulnoten sind nicht alles: Was soziale Kompetenz im Beruf nützt

„Nur wenn man die Spielregeln kennt,
kann man auch gewinnen.“
(Internationaler Business-Grundsatz)

Was versteht man eigentlich unter sozialer Kompetenz?

Überall hört und liest man von sozialer Kompetenz – und dabei wird soziale Kompetenz mit den unterschiedlichsten Begriffen beschrieben: In Bewerbungsratgebern werden die Fähigkeiten der sozialen Kompetenz häufig als „Soft Skills“ bezeichnet. Vielleicht haben Sie auch schon den Begriff „weiche Faktoren“ gehört, wenn es darum geht, über welche Fähigkeiten Bewerber verfügen sollten. Experten sprechen auch von „emotionaler Intelligenz“ und von „Beziehungsintelligenz“ – oder sie verwenden den Begriff „soziale Intelligenz“. Aber was ist eigentlich genau damit gemeint?

Soziale Kompetenz besitzen diejenigen, die mit anderen Menschen offen, rücksichtsvoll und einfühlsam umgehen und dadurch Beziehungen zu anderen erfolgreich aufbauen und pflegen können. Man hat erkannt, dass Leistung – und eben darum geht es im Beruf – nicht nur aus Fachwissen und guten Schulnoten besteht. Genauso wichtig ist die Fähigkeit, mit anderen Menschen gut und gewinnbringend zusammenarbeiten zu können – also soziale Kompetenz.

Aber welche Eigenschaften machen denn soziale Kompetenz aus? Nach welchen Spielregeln soll man sich verhalten, um soziale Kompetenz zu zeigen? Das ist gar nicht so schwierig: Führen Sie sich einfach vor Augen, dass es *die* allgemeine soziale Kompetenz, die für alle Lebenslagen gilt, so nicht gibt. Ein Verhalten, das soziale Kompetenz ausdrückt, hängt vielmehr von der Lebenssituation ab, in der man gerade ist. Oder davon, ob man den beruflichen oder den privaten Bereich betrachtet: An Schüler stellt man andere Anforderungen als an Führungskräfte, an einen Studierenden andere als an eine Ärztin, an einen Verkäufer andere als an eine Rechtsanwaltsgehilfin.

Vergessen Sie die verwirrende Vielfalt an sozialer Kompetenz, von der überall gesprochen wird: Wichtig für Sie ist der richtige Kompetenz-Mix. Dieser Ratgeber erklärt Ihnen genau die Mixtur von sozialer Kompetenz, die für Sie am Anfang Ihrer Berufstätigkeit unverzichtbar ist. Nicht mehr – aber auch nicht weniger.

Soziale Kompetenz: Das zweite Standbein im Beruf

Den meisten Auszubildenden ist überhaupt nicht bewusst, dass Vorgesetzte und Ausbilder nicht nur gute Arbeitsleistungen und Prüfungsergebnisse fordern, sondern mindestens genauso großen Wert auf soziale Kompetenz legen. Für Sie als Azubi bedeutet das, dass Ihr Ausbildungserfolg auf zwei Beinen steht, denn auch in der Ausbildung gilt: Erst die Kombination von fachlicher Kompetenz und sozialer Kompetenz bringt Sie weiter.

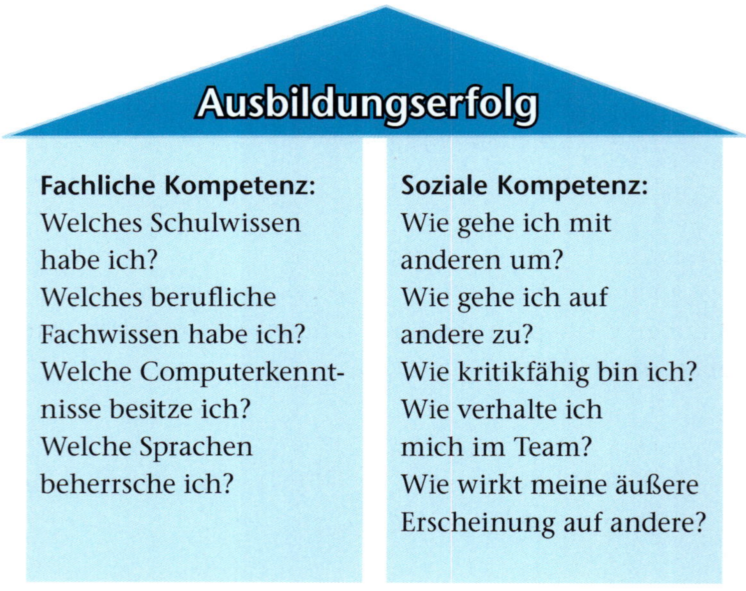

Wer soziale Kompetenz besitzt, genießt im Berufsleben folgende Vorteile:

- Soziale Kompetenz wird von Vorgesetzten hoch eingeschätzt, weil sie die Leistungsfähigkeit des gesamten Unternehmens stärkt.
- Soziale Kompetenz sorgt dafür, dass die eigene Arbeit bei Vorgesetzten und Kolleginnen und Kollegen anerkannt wird.
- Soziale Kompetenz macht flexibel in einer sich ständig verändernden Berufswelt und gibt dadurch Sicherheit.

Ganz unabhängig davon, welchen Beruf Sie gewählt haben – die beruflichen Anforderungen sind längst nicht mehr mit denen vergleichbar, die zum Beispiel Ihre Eltern noch kannten. Der technische Fortschritt und die sogenannte Globalisierung verändern vieles im Arbeitsalltag: wie einzelne Arbeitsschritte ablaufen, wie Unternehmen aufgebaut sind oder warum was wie bewertet wird.

Wer soziale Kompetenz besitzt, hat gelernt, diese neuen Entwicklungen für sich zu nutzen. Soziale Kompetenz macht flexibel. Man kann sich besser auf neue Arbeitssituationen, neue Aufgaben und neue Kolleginnen und Kollegen einstellen. Dies kommt natürlich auf lange Sicht dem Unternehmen zugute, für das Sie arbeiten. Und deswegen hat soziale Kompetenz in Unternehmen einen hohen Stellenwert.

Zwischen der persönlichen Einstellung eines Vorgesetzten zu den Mitgliedern seines Teams und der Art und Weise, wie er deren Arbeitsleistungen wahrnimmt, besteht ein direkter Zusammenhang. Je größer nämlich seine Sympathie für eine Person ist, desto mehr schätzt er in der Regel auch ihre Arbeit. Und ob Vorgesetzte ihre Mitarbeiterinnen und Mitarbeiter sympathisch finden, hängt wesentlich davon ab, ob diese über soziale Kompetenz verfügen.

Ein neuer Lebensabschnitt mit spannenden Erfahrungen – aber auch mit vielen Stolperfallen – liegt vor Ihnen. Auf soziale Kompetenz kommt es dabei besonders an. Das Gute daran ist: Jeder kann sie erlernen und trainieren.

Das wird von Ihnen erwartet

Folgende fünf Fähigkeiten gehören zum Mix der sozialen Kompetenz, die Sie beim erfolgreichen Einstieg ins Berufsleben ganz einfach drauf haben sollten:

Gute Umgangsformen

Das bedeutet:

- Sie wissen, welches Auftreten andere von Ihnen erwarten.
- Sie benehmen sich höflich und rücksichtsvoll anderen gegenüber.
- Sie respektieren die persönlichen „Reviere“ anderer Menschen.
- Sie verfügen über Selbstdisziplin, wenn es im gesellschaftlichen Miteinander gefordert ist.

(Lesen Sie hierzu das Kapitel „Keepsmiling“ ab Seite 18.)

Übung im Small Talk

Das bedeutet:

- Sie haben keine Scheu, unbekannte Personen anzusprechen.
- Sie knüpfen leicht Kontakte und können Menschen für sich gewinnen.
- Sie haben im gesellschaftlichen Umgang die passenden Gesprächsthemen parat.
- Sie beherrschen es, Gespräche locker zu beginnen und am Laufen zu halten.

(Lesen Sie hierzu das Kapitel „Alle reden vom Wetter“ ab Seite 60.)

Teamfähigkeit

Das bedeutet:

- Sie verfügen über Verantwortungsgefühl für das Arbeitsergebnis eines Teams.
- Sie erkennen, wo gehandelt werden muss, und packen mit an.
- Sie stellen Ihre persönliche Meinung auch einmal hintenan, wenn es erforderlich ist.
- Sie können sich gut in andere Menschen hineinversetzen.

(Lesen Sie hierzu das Kapitel „TEAM – Toll, ein anderer macht's“ ab Seite 98.)

Kritikfähigkeit

Das bedeutet:

- Sie wissen, dass Kritik manchmal notwendig ist, damit es vorwärts geht.
- Sie sind in der Lage, Kritik an der Sache von Kritik an Ihrer Person zu trennen.
- Sie können Kritik annehmen, ohne beleidigt zu sein.
- Sie können selbst Kritik äußern, freundlich und ohne den anderen zu verletzen.

(Lesen Sie hierzu das Kapitel „Nix für ungut“ ab Seite 140.)

Angemessene äußere Erscheinung

Das bedeutet:

- Sie sind sich darüber im Klaren, wie Ihre äußere Erscheinung auf andere wirkt.
- Sie können diese Kenntnisse anwenden, je nachdem, wie es die Situation gerade erfordert.
- Sie interessieren sich für die Anforderungen, die Ihr Unternehmen bei der äußeren Erscheinung an Sie stellt.
- Sie sind bereit, sich diesen Anforderungen am Arbeitsplatz anzupassen.

  (Lesen Sie hierzu das Kapitel „Ohne Worte“ ab Seite 176.)

2

KNOW-HOW

Das erwartet Sie im folgenden Kapitel

Keepsmiling: Wie man Umgangsformen pflegt und gut ankommt

„Ein Tipp unter Freunden:
Schenkt Aufmerksamkeit.
Die kostet wenig und bringt viel."
(Italienisches Sprichwort)

Eine haarige Angelegenheit – aus dem Leben einer Azubi

Oh, schon halb elf! Ein Blick auf die Armbanduhr zeigt Sandy, dass sie heute spät dran ist. Ihr Arbeitstag bei Yasemins HairArt beginnt zwar erst um 11 Uhr – und dauert dafür auch bis 20 Uhr –, aber sie muss noch rasch etwas besorgen. Sie flitzt in den Drogeriemarkt, denn sie braucht noch dringend eine Tube Handcreme. Im Eingangsbereich schlängelt sich Sandy entschlossen an einer Mutter mit Kinderwagen vorbei, die vergeblich versucht, die Tür des Geschäftes zu öffnen, und dadurch den Eingang unfreiwillig blockiert. Nachdem Sandy ihren Einkauf erledigt hat, ist sie richtig genervt. *Mann, das dauert wieder heute!* Schnell macht sie noch einen Abstecher zum Kiosk an der Ecke: „Eine Girlie-Style", verlangt sie vom Verkäufer, lässt eine Euromünze in die Geldschale fallen, schnappt sich die Zeitschrift und spurtet in Richtung Frisiersalon. Dort angekommen, stürmt sie erst mal in die Garderobe, vorbei an den Kolleginnen und Kollegen.

Sandy hat vor drei Monaten bei HairArt mit ihrer Ausbildung zur Friseurin begonnen und ist total happy: ihr Traumberuf! *Allerdings sind manche Kundinnen und Kunden gewöhnungsbedürftig,* findet sie. Einige benehmen sich für ihren Geschmack ganz schön zickig mit ihren Sonderwünschen und tragen die Nase ziemlich hoch. *Und wie geschwollen die manchmal daherreden! Dass die Kolleginnen und Kollegen da immer so ruhig und freundlich bleiben können!*

Trotzdem hat Sandy Spaß an ihrer Arbeit. Bei der wöchentlichen Schulung im Salon macht sie gute Fortschritte. Sie schneidet Haare millimetergenau. Ihre Chefin lobt sie oft wegen ihrer raschen Auffassungsgabe und ihres Gespürs für neue Trends. So wird es bestimmt nicht mehr lange dauern, bis sie ihr Können auch bei der Kundschaft des Salons unter Beweis stellen darf. Darauf freut sie sich schon.

„Ja, grüß' Sie, Frau Zerwinski", ruft die Friseurmeisterin Yasemin Sahan der Kundin zu, die nun den Salon betritt „Wie schön, Sie zu sehen. Einen Moment noch, ich bin gleich bei Ihnen!" Frau Sahan geleitet die Kundin an ihren Platz: „Darf ich Ihnen denn in der Zwischenzeit etwas zu trinken anbieten? Wie wäre es mit einem frisch gepressten Orangensaft?" Frau Zerwinski nimmt dieses Angebot erfreut an und Frau Sahan verschwindet im Küchenkabuff, um das gewünschte Getränk zu holen.

Mein Gott, unsere Chefin dreht ja heute wieder voll auf, denkt sich Sandy und räumt lustlos die frischen Handtücher ins Regal. „Und bitte schön ordentlich, wir sind hier schließlich nicht bei irgendeinem Frisiersalon", hatte ihr Frau Sahan eingeschärft – und das stimmte natürlich. Yasemins HairArt ist schon etwas Besonderes. In bester City-Lage, mit einer Einrichtung aus poliertem Holz und Edelstahl, mit riesigen Kristallspiegeln und trendigen Designer-Lampen ausgestattet. Logo, dass da auch die Preise edel sind.

Jetzt ist Sandy mit dem Einräumen der Handtücher fertig. Nun ist erst mal Mittagspause. *Zu blöd, jetzt hab ich doch mein Müsli zu Hause stehen lassen,* fällt Sandy schlagartig ein. Und dabei muss sie jetzt dringend etwas essen, sonst ist sie zu nichts zu gebrauchen. Zum Einkaufen ist die Pausenzeit allerdings zu knapp. Was tun? Sandy verschwindet erst einmal in der Teeküche, um sich ihre Wasserflasche aus dem Kühlschrank zu holen. Hier dürfen alle Angestellten des Salons ihr Essen verstauen. *Ja, was haben wir denn da*? denkt Sandy, als sie einen Becher Erdbeerjoghurt im Kühlschrank entdeckt. *Glück muss man haben!* Es klebt kein Namenszettel dran. *Selbst schuld,* denkt Sandy und schnappt sich den Becher. *Wer hungrig ist, kann schließlich nicht vernünftig arbeiten.* Jetzt noch einen Cappuccino zum Abschluss und es kann wieder losgehen. Nach dem Essen stellt Sandy ihre schmutzige Kaffeetasse und den Joghurtlöffel noch rasch in die Spüle. *Das kann ich ja später auch noch abspülen,* überlegt sie und verlässt die Teeküche.

Als Sandy den Salon wieder betritt, naht schon die nächste Kundin: Frau Dr. Schmitt-Bergdorf, eine Augenärztin, die ihre gutgehende Praxis gleich nebenan führt. Zielstrebig steuert sie auf Sandy zu, die sich auf dem Weg zum Kassentresen befindet. „Guten Morgen zusammen. Ich habe um halb zwei einen Termin bei Yasemin. Ansätze nachfärben, Strähnchen auffrischen und schneiden. Das übliche Programm." „Hallöchen!", begrüßt Sandy die Kundin betont freundlich, denn sie weiß, dass Frau Dr. Schmitt-Bergdorf manchmal etwas schwierig im Umgang ist. „Wie geht's denn so?" Bevor Frau Dr. Schmitt-Bergdorf darauf antworten kann, wird Sandy von einem heftigen Niesanfall geschüttelt. *Der Heuschnupfen ist aber auch supernervig dieses Jahr,* denkt sie und putzt sich zuerst einmal ausgiebig die Nase. Sie schnäuzt sich geräuschvoll in ein Papiertaschentuch. Dies stopft sie sich eilig in den linken Ärmel. Da klingelt das Telefon und Sandy nimmt ab. Sie meldet sich „Guten Morgen, Sandy hier, was gibt's?" Eine Kundin ihres Kollegen David hat eine Terminanfrage. Die kann Sandy nicht allein beantworten und schaut sich hilfesuchend um. „Bin gleich wieder da", informiert sie Frau Dr. Schmitt-Bergdorf und drückt ihr noch schnell einen Frisierumhang in die Hand, bevor sie im hinteren Teil des Salons verschwindet, um ihren Kollegen David zu suchen.

Als Sandy wieder zurückkommt, hat inzwischen eine Kollegin die Kundin zu ihrem Platz geführt. Um die Unterbrechung wieder gut zu machen, beugt Sandy sich vertraulich zu Frau Dr. Schmitt-Bergdorf hinunter: „Sie waren schon länger nicht mehr bei uns, stimmt's? Ihre Haare sind ja ganz stumpf geworden." Hoffentlich stört es Frau Dr. Schmitt-Bergdorf nicht, dass sie gestern Zaziki mit Knoblauch gegessen hat ... Von der Kundin kommt keine Reaktion, deshalb fährt Sandy munter fort: „Ich soll schon mal waschen, kommen Sie bitte hier rüber zum Waschbecken." *Mann, ist die schwer von Begriff!,* denkt Sandy. *Die „Schmitt-Bergdoof",* wie sie die Kundin insgeheim nennt, *müsste doch so langsam wissen, wie das hier läuft,* denkt sich Sandy, als die Kundin endlich am Waschbecken Platz nimmt. „Ihre Haare sind wieder etwas dünner geworden seit dem letzten Mal. Da nehme ich besser ein Aufbaushampoo gegen Haarausfall", versucht Sandy ihr Fachwissen an die Frau zu bringen. Frau Dr. Schmitt-Bergdorf lässt statt einer Antwort nur ein unbestimmtes Murmeln hören. *Na gut, dann eben keine Unterhaltung mit der Kundin,* denkt sich Sandy und massiert das Shampoo kräftig ein. Dabei unterhält sie sich mit ihrer Kollegin über das Fernsehprogramm von gestern Abend.

Zwei Stunden später steht Frau Dr. Schmitt-Bergdorf perfekt gestylt an der Kasse, Sandy drückt der Kundin die zahlreichen Einkaufstüten, die diese in der Kundengarderobe untergestellt hatte, in die Hand. *Tja, da hat sie jetzt einiges zu schleppen,* denkt sich Sandy. Aus sicherer Entfernung beobachtet sie die Kundin, die jetzt Mühe hat, die schwere Glastür zu öffnen. Kein Wunder, sie hat ja keine Hand frei. Beim dritten Versuch rutscht der Kundin ihre noch offene Handtasche von der Schulter und mit Getöse knallen Geldbörse, Schlüssel, Puderdose und Handy auf den Marmorboden. „Du liebe Zeit, Frau Dr. Schmitt-Bergdorf, wie kann ich Ihnen helfen", flötet Frau Sahan, die soeben aus dem hinteren Teil des Salons auftaucht. Sie hilft der Kundin die Sachen wieder einzusammeln. „Warten Sie, ich halte so lange Ihre Tüten, bis Sie alles wieder sicher verstaut haben. Haben Sie es denn weit bis zu Ihrem Auto? Sandy kann Ihnen doch helfen, Ihre Einkäufe zum Auto zu bringen, nicht wahr, Sandy?" Frau Sahan winkt Sandy energisch zu sich. *Das ist ja wohl der Gipfel!,* empört sich Sandy innerlich. *Ich bin doch eine angehende Starfriseurin und kein Transportesel!* Aber es bleibt ihr nichts anderes übrig. Widerwillig begleitet sie Frau Dr. Schmitt-Bergdorf zum Auto. Um dieser klarzumachen, dass solch eine Hilfeleistung eigentlich unter ihrer Würde ist, trottet sie schweigend hinter Frau Dr. Schmitt-Bergdorf her. Wortlos packt sie die Tüten in den Kofferraum und verabschiedet sich mit einem halbherzigen „Auf Wiedersehen", bevor sie sich auf den Rückweg zum Salon macht.

Geschafft! Endlich Feierabend. Sandy fegt noch die letzten Haare zusammen und hängt die Frisierumhänge wieder an ihren Platz. „Hey Sandy, wie wär's noch mit einem Abstecher ins Jimmy's?", ruft ihre Kollegin Lana ihr zu. „Die anderen gehen auch alle hin." „Logo, ich bin dabei!", antwortet Sandy.

Später – auf dem Weg zu Jimmy's – beklagt sich Sandy bei Lana über ihre magere Trinkgeldausbeute. „Ich bin schon enttäuscht. Als ich anfing, hat die Chefin mir erklärt, dass wir unser Gehalt durch die großzügigen Trinkgelder der Kundinnen und Kunden erheblich aufbessern können. Davon habe ich bisher allerdings noch nicht so viel bemerkt."

„Ich kann da eigentlich nicht klagen", entgegnet Lana. „Ich bekomme immer etwas, meistens sogar ein hohes Trinkgeld. Besonders die Schmitt-Bergdorf ist immer sehr großzügig. Schade, dass ich sie heute nicht bedient habe. Aber dafür hast du das Glück gehabt."

„Waaaas? Ausgerechnet die Schmitt-Bergdoof?", ruft Sandy. „Ich fass' es nicht. Die ist doch supergeizig. Von der habe ich noch nie etwas bekommen!"

„Das ist aber merkwürdig. Na ja, vielleicht war sie nur in Gedanken und hat's einfach vergessen. Das ist bestimmt nicht absichtlich passiert."

Sandy ist nachdenklich geworden. Irgendwie läuft das mit dem Trinkgeld bei ihr wirklich nicht so gut. Dabei gibt sie sich doch richtig Mühe. Oder etwa nicht?

Rückblende: Welche Fehler hat Sandy gemacht?

Haben Sie die Fehler von Sandy auf Anhieb erkannt? Es gibt bestimmte „Lieblingsfehler" bei Umgangsformen, die man leicht begeht – ob aus Unsicherheit, Gedankenlosigkeit oder Unwissen. Im Rückblick werden jetzt Sandys Erlebnisse beleuchtet und die aufgetretenen Fehler erklärt. Obwohl Sandy fachlich top ist und ihre Ausbildung auch gerne macht, tut sie sich schwer im passenden Umgang mit ihren Kundinnen. Wie hätte sie sich besser verhalten?

Stichpunkt: Rücksichtnahme

Sandy drängt sich an einer Mutter mit Kinderwagen vorbei, anstatt ihr einfach kurz die Tür des Geschäftes aufzuhalten.

Grundregel

Gerade, wenn man im Beruf viel Kundenkontakt hat, ist ein aufmerksames und rücksichtsvolles Auftreten ein Muss. Obwohl Sandy die Frau nicht kennt und sie keine Kundin von ihr ist, so kann sie doch kurz die Tür aufhalten – als nette Geste. Wenn man sich außerhalb des Arbeitsplatzes rücksichtsvoll verhält, wird einem dieses Verhalten mit der Zeit selbstverständlich und man übernimmt es spielend in den Berufsalltag. Mehr dazu lesen Sie ab Seite 26.

Stichpunkt: Bitte und Danke

Sandy benimmt sich am Zeitschriftenkiosk sehr unfreundlich. Sie sagt weder „Bitte" noch „Danke" und behandelt den Verkäufer, als ob er gar nicht da wäre.

Grundregel

Wenn man andere im Privatleben unhöflich behandelt, besteht immer die Gefahr, dass man diesen Kommunikationsstil am Arbeitsplatz beibehält – und Team und Vorgesetzte verärgert. Mit Zeitmangel ist ein ruppiger Umgangston nicht zu entschuldigen. Ein freundliches „Bitte" oder „Danke" kostet nur Sekunden – und gehört zur Grundausstattung höflichen Verhaltens. Mehr dazu lesen Sie auf der Seite 31.

Stichpunkt: Grüßen

Sandy nimmt sich nicht die Zeit, die Kolleginnen und Kollegen morgens mit einem freundlichen „Guten Morgen" zu begrüßen.

Grundregel

Ein kurzer Gruß beim Betreten eines Raumes gehört einfach zum Standardprogramm, ebenso das Verabschieden. Mehr dazu lesen Sie auf der Seite 32.

Stichpunkt: Reviere

Sandy geht an den Kühlschrank, in dem alle Angestellten ihr Essen und Trinken lagern, und nimmt sich einen Joghurt – obwohl sie weiß, dass er jemand anderem gehört.

Grundregel

Dieses Verhalten ist rücksichtslos, denn der Joghurt gehört einer Person, die ihn demnächst vermissen wird. Sandy überschreitet hier deutlich eine Reviergrenze. Reviere gibt es im Beruf mehrere, zum Beispiel bestimmte Sitzplätze oder den eigenen Schreibtisch. Mehr dazu lesen Sie auf der Seite 40.

Stichpunkt: Nase putzen

Sandy schnäuzt sich geräuschvoll und stopft dann das Taschentuch einfach in ihren Ärmel.

Grundregel

Gerade in Berufen, die einen engeren Körperkontakt mit sich bringen, ist dieses Verhalten nicht akzeptabel, weil Kunden sich ekeln können oder sogar Angst vor Ansteckung bekommen. Besser ist es, sich kurz zu entschuldigen und sich dann zum Schnäuzen wegzudrehen. Eventuell auch die Hände anschließend waschen und das Taschentuch entsorgen. Mehr dazu lesen Sie auf der Seite 46.

Stichpunkt: Telefonieren

Sandy nimmt den Hörer ab, obwohl sie sich noch um ihre Kundin kümmern muss. Außerdem meldet sie sich nur mit ihrem Vornamen, ohne das Unternehmen zu nennen.

Grundregel

Sich allzu lässig am Telefon zu melden, macht auf den Gesprächspartner am anderen Ende der Leitung einen schlechten Eindruck. Wenn man beruflich telefoniert, ist es üblich, sich mit Vornamen, Nachnamen und dem Namen des Unternehmens zu melden. Mehr dazu lesen Sie auf der Seite 37.

Stichpunkt: Hilfsbereitschaft

Sandy reagiert nicht, als der Kundin die Tasche herunterfällt und sich der Inhalt auf dem Fußboden verteilt.

Grundregel

Wer im Beruf mit Kunden zu tun hat, sollte hilfsbereit und zuvorkommend handeln, denn das erwarten die Kunden einfach. Außerdem bringen nur zufriedene Kunden auch zufriedenstellenden Umsatz – und nicht zuletzt auch Trinkgeld. Mehr dazu lesen Sie auf der Seite 39.

Kompaktwissen Umgangsformen

Was versteht man unter Umgangsformen?

Umgangsformen im Sinne von gutem Benehmen und Höflichkeit machen das Miteinander einfach angenehmer. Wer diese Spielregeln beherrscht, hat es im (Berufs-)Leben leichter. Höfliche Menschen werden von Vorgesetzten und Kolleginnen und Kollegen anerkannt und geschätzt, weil sie unkompliziert im Umgang sind und man sich gern in ihrer Gegenwart aufhält. Deshalb lohnt es sich, sich mit den Grundregeln höflichen Verhaltens zu beschäftigen.

Dabei geht es nicht darum, komplizierte Benimm-Vorschriften auswendig zu lernen, um sich damit bei seinen Mitmenschen „einzuschleimen". Es geht vielmehr darum, zu verstehen, dass es der Kern guten Benehmens ist, rücksichtsvoll zu sein und den anderen ernst zu nehmen. Wichtiger als komplizierte Ess-Vorschriften sind doch die täglichen kleinen Situationen, in denen man seine guten Umgangsformen unter Beweis stellen sollte – besonders dort, wo man sich den größten Teil des Tages aufhält – am Arbeitsplatz.

Außerdem gibt es einen Zusammenhang zwischen dem privaten Bereich und dem Arbeitsleben: Wer im Privatleben ein rücksichtsvolles Verhalten als selbstverständlich ansieht, kann dieses auch spielend im beruflichen Umfeld nutzen. Wer aber umgekehrt im Privatleben ruppig vorgeht und andere auch mal wegschubst, der kann dies selten im Beruf einfach per Knopfdruck ausschalten.

Übrigens: Mit gepflegten Umgangsformen kann man sich einfach, aber wirkungsvoll von vielen unhöflichen Mitmenschen abgrenzen. Und das Gute daran ist: Es kostet nichts. Alles, was Sie brauchen, ist ein wenig guter Wille.

Zu guten Umgangsformen gehört nicht nur das eigene Verhalten, sondern auch das Aussehen. Beide ergeben im Idealfall ein positives und echt wirkendes Gesamtbild einer Person. Dazu finden Sie auch im Kapitel „Ohne Worte“, ab Seite 176, wichtige Anregungen.

Was haben Umgangsformen mit dem Beruf zu tun?

Im Berufsleben kann es besonders folgenschwer sein, wenn man bestimmte Spielregeln nicht beherrscht oder sie sogar bewusst ignoriert. Nur damit keine Missverständnisse aufkommen: Sie sollen jetzt nicht lernen, wie man einen Hummer richtig zerlegt oder wie Sie sich die geeignete Abendgarderobe für einen Empfang zusammenstellen.

Es gibt simple Tipps, die jedem Menschen den guten Umgang mit anderen – besonders im Arbeitsleben – erleichtern. Warum erleichtern? Ganz einfach: Menschen mit guten Umgangsformen werden von anderen als sympathische und angenehme Personen wahrgenommen. Als Personen, mit denen man einfach gern zusammenarbeitet. Und darauf kommt es im Berufsleben an. Denn durch Aufmerksamkeit und Rücksichtnahme gegenüber anderen zeigen Sie, dass Sie Interesse an den Menschen haben, mit denen Sie zusammenarbeiten, und dass Ihnen Ihre Arbeit wichtig ist.

Vorgesetzte stellen sich nicht nur die Frage: Wie gut sind die Arbeitsleistungen von Frau X oder Herrn Y? Eine positive Gesamtbeurteilung hängt vielmehr davon ab, wie die Antwort auf die folgende Frage lautet: Möchte ich gern mit Frau X oder Herrn Y über längere Zeit zusammenarbeiten? Wenn Ihre Vorgesetzten in Bezug auf Sie diese Frage mit „Nein“ beantworten, haben Sie einfach schlechte Karten. Dass Ihre Vorgesetzten Sie sympathisch finden, ist also wichtig für Ihren beruflichen Erfolg. Vereinfacht kann man auch sagen: Der eingebildete, ungehobelte und unhöfliche Streber mit Fachnote 1 hat schlechtere Aufstiegschancen als der umgängliche, rücksichtsvolle und sympathisch wirkende Mensch mit Note 2.

Gute Noten und gute Arbeitsleistung sind natürlich wichtig – doch wer sich gegenüber Arbeitskolleginnen und Arbeitskollegen rücksichtslos verhält oder seine Vorgesetzten vor den Kopf stößt, wird auf lange Sicht in seinem Beruf wenig erfolgreich sein. Warum es sich also schwer machen? Die Auswirkungen schlechter Umgangsformen muss man schließlich selbst ertragen. Und mal ehrlich, finden Sie unhöfliche Menschen sympathisch?

Einem rücksichtsvollen Menschen fällt es leicht, sich in die Lage seiner Mitmenschen zu versetzen und angemessen mit Ihnen umzugehen. Es gibt jeden Tag Situationen, in denen Sie dies unter Beweis stellen können: Wenn zum Beispiel die Kollegin Ihnen bei der Arbeit helfen soll, wenn Sie sich einen Schnitzer erlaubt haben oder wenn Sie Ihren Chef um einen freien Tag bitten – wer hier höflich und zurückhaltend statt polternd und fordernd auftritt, erhöht die Chancen enorm, dass diese Wünsche auch erhört werden.

Klingt kompliziert? Keine Angst – es ist leichter, als Sie denken. Vielleicht haben steife Benimmregeln nach Großelternart Sie bisher abgeschreckt. Die gute Nachricht ist: Mit dem Basisprogramm in diesem Buch kommen Sie wunderbar durch den Berufsalltag.

Wie verhalten Sie sich, wenn Sie neu im Betrieb sind?

Wenn man als Neuling in ein Unternehmen kommt, wird man besonders aufmerksam beobachtet. Das ist Ihnen vielleicht unangenehm, aber die Neugier der anderen ist ein typisches menschliches Verhalten, das es seit der Urzeit der Menschheitsgeschichte gibt. Bei der Begegnung von zwei Menschen wurde zuallererst abgeschätzt: Freund oder Feind? Daran hat sich eigentlich bis heute nicht so viel geändert, auch wenn eine Fehlentscheidung heutzutage keine solchen lebensbedrohenden Konsequenzen nach sich zieht wie zur Zeit der Neandertaler.

Seien Sie mal ehrlich: Wie verhalten Sie sich denn, wenn Sie auf einer Party neue Leute kennenlernen oder wenn im Sportverein ein neuer Spieler in die Mannschaft kommt? Erinnern Sie sich doch einmal, was los war, als eine neue Mitschülerin in die Klasse kam. Vielleicht mussten Sie selbst ja schon als Neuling diese Situation durchstehen. Aber alles halb so wild. Die folgenden Tipps helfen Ihnen, die ersten Hürden auf unbekanntem Gelände zu überwinden und sich nicht durch unbeabsichtigte Fehler den Einstieg zu vermasseln.

So knüpfen Sie erste Kontakte

Idealerweise werden Sie am ersten Tag Ihrer Ausbildung von Ihrem Vorgesetzten herumgeführt und den wichtigsten Kolleginnen und Kollegen vorgestellt. Dann sind Sie erst einmal fein raus. Es kann aber auch sein, dass ausgerechnet an diesem Tag die pure Hektik herrscht, weil wichtige Termine anstehen, weil etwas schief gelaufen ist oder weil die Grippewelle zugeschlagen hat. Kurz: Keiner hat Zeit, Sie herumzuführen.

Dann greift Plan B: Drücken Sie sich nicht in irgendeiner Ecke herum und warten Sie nicht darauf, bis man sich um Sie kümmert. Sondern ergreifen Sie die Initiative: Stellen Sie sich Ihren Kolleginnen und Kollegen selbst vor. Beachten Sie hierbei folgendes Vorgehen:

Lassen Sie Ihre Gesprächspartner nicht im Unklaren darüber, mit wem sie es zu tun haben. Nennen Sie Ihren vollständigen Namen, erst den Vornamen und dann den Nachnamen. Verwenden Sie keine Spitznamen oder Abkürzungen – dies ist im beruflichen Umfeld absolut unpassend und außerdem für andere unverständlich. Damit haben Sie bereits die ersten „Gehversuche“ erfolgreich hinter sich gebracht.

Nicht zum Außenseiter werden

Im Privatleben verbringt man seine Freizeit gerne mit den Menschen, mit denen man viel gemeinsam hat – aber im Privatleben kann man sich seinen Freundes- und Bekanntenkreis ja auch aussuchen. Am Arbeitsplatz dagegen ist dies nicht möglich. Hier kommt es darauf an, dass man mit allen Menschen am Arbeitsplatz klarkommt und dies auch nach außen zeigt. Dies bedeutet, sich zunächst einmal Folgendes vor Augen zu führen:

- Wer sich beispielsweise regelmäßig vom gemeinsamen Kantinengang ausschließt und sein Brötchen lieber allein verdrückt, stößt damit Kolleginnen und Kollegen vor den Kopf.
- Wer sich regelmäßig um Treffen außerhalb der Firma und der regulären Arbeitszeit „herummogelt", gibt den anderen das Gefühl, nicht dazugehören zu wollen.
- Wer sich als Azubi nur mit den anderen Auszubildenden zusammentut, vermittelt, dass er kein Interesse an den anderen Personen im Unternehmen hat.

Mit solchen Verhaltensweisen riskieren Sie, zum Außenseiter zu werden – und das wollen Sie ja vermeiden. Nehmen Sie sich lieber vor, Ihre fachlichen Leistungen und Ihre persönlichen Kontakte gleichermaßen weiterzuentwickeln. Wenn Sie also offen und interessiert anderen Kolleginnen und Kollegen begegnen, zeigen Sie dadurch, dass Sie keine Scheu haben, auf andere Menschen zuzugehen, und dass Sie ein echtes Interesse an Ihren Kolleginnen und Kollegen haben. Hier nützen die Basics der guten Umgangsformen.

Was sind die Basics der guten Umgangsformen?

Damit höfliches Verhalten unverkrampft und locker bei anderen ankommt, sollte man es einüben, bis es wie selbstverständlich zum eigenen Verhalten dazugehört. Am besten konzentriert man sich zunächst auf die grundlegenden Punkte höflichen Verhaltens, die für Menschen mit guten Umgangsformen einfach unverzichtbar sind – und die man täglich mehrmals anwendet.

„Guten Tag", „Auf Wiedersehen", „Bitte", „Danke" und „Entschuldigung"

Jeder, der früh am Morgen in ein volles Zugabteil kommt oder der einen dicht besetzten Fahrstuhl betritt, kann das bestätigen: Grüßen ist gar nicht so selbstverständlich, wie alle denken. Dabei gibt es doch eigentlich nichts Nervigeres als muffig grummelnde Zeitgenossen gleich zu Beginn eines Arbeitstages. Und was den Weg zur Arbeit angenehmer macht, gilt umso mehr für unser Verhalten am Arbeitsplatz. Ein freundliches „Guten Morgen" und ein aufmunterndes „Auf Wiedersehen" gehören zum unverzichtbaren Minimalprogramm des höflichen Verhaltens.

Das ist ja nichts Besonderes, werden Sie vielleicht denken. Aber es gibt doch einige Dinge, die Sie im Umgang mit Ihren Kollegen und Vorgesetzten beachten sollten, damit Ihr Gruß auch als die freundliche Geste rüberkommt, als die er gedacht war. Dabei spielt auch der Gesichtsausdruck eine Rolle. Wenn Sie müde und übernächtigt aussehen und Ihre Stimme krächzt, klingt auch das netteste „Guten Morgen, liebe Kollegin" nicht sehr überzeugend. Wenn Sie dagegen jemanden beim Grüßen freundlich anschauen und Ihre Stimme dabei fröhlich klingt, dann vermittelt das gleich gute Laune.

„Bitte" und „Danke" zu sagen, versteht sich von selbst – denkt man. Menschen, die besonders cool sein wollen, neigen hier zur „Vergesslichkeit". Das lässt sich in Restaurants oder auf Reisen gut beobachten. Sich ungefragt an einen teilweise besetzten Tisch zu setzen, den Sitznachbarn im Flugzeug nicht zu begrüßen oder sich nach Erhalt eines Getränkes nicht zu bedanken, hat nichts mit sicherem Auftreten oder guten Umgangsformen zu tun. Es ist nur peinlich. Gehen Sie lieber mit gutem Beispiel voran.

Ähnlich verhält es sich mit dem Wort „Entschuldigung". Ob Sie nun das lässige „Sorry" oder den Klassiker „Verzeihung" oder dann doch „Entschuldigung" bevorzugen, ist nicht entscheidend. Wichtig ist, dass Sie nicht vergessen, Ihr Bedauern auszudrücken, wenn was schief gelaufen ist. Täglich gibt es zahlreiche Situationen, in denen man andere Menschen stören oder unterbrechen muss. Menschen anzurempeln und sich eng an ihnen vorbeizudrängeln, ist distanzlos und grob unhöflich – wie jeder aus eigener Erfahrung mit überfüllten Fahrstühlen bestätigen wird. Die Entschuldigung gibt dem anderen die Gelegenheit, selbst zu reagieren, zum Beispiel zur Seite zu gehen. So lässt sich vermeiden, dass man sich ungewollt berührt.

Welche Grußregeln gibt es?

Kolleginnen, Kollegen oder Vorgesetzte zu begrüßen, sollte selbstverständlich für Sie sein, auch wenn Sie diese nicht persönlich kennen. Gelegenheiten, freundlich zu grüßen, gibt es im Laufe eines Arbeitstages reichlich. Allerdings gibt es dabei einige Spielregeln, bei denen man von Ihnen erwartet, dass Sie sie einhalten. Diese Regeln helfen Ihnen, gelassen aufzutreten, ohne lange nachdenken zu müssen, was gerade angebracht ist.

Auch wenn manchmal behauptet wird, dass heutzutage auf die Rangordnung, also die Hierarchie, am Arbeitsplatz angeblich nicht mehr so viel Wert gelegt wird – vergessen Sie das ganz schnell. Es ist einfach nicht wahr. Natürlich geht es heutzutage in der Regel nicht mehr so autoritär zwischen Vorgesetzten und den Mitarbeiterinnen und Mitarbeitern zu wie früher einmal. Der Ton ist schon lockerer geworden. Aber eben nur der Ton. Die Anforderungen an die Leistung am Arbeitsplatz sind eher gestiegen. Und Vorgesetzte erwarten gestern wie heute, dass man ihnen mit Respekt gegenübertritt – was natürlich nicht gleichzusetzen ist mit Unterwürfigkeit oder Schleimertum.

So begrüßen Sie Kolleginnen und Kollegen

Personen, die Ihnen bekannt sind, sollten Sie immer grüßen. Je nachdem, wie gut Sie die Person kennen, wählen Sie zwischen „Guten Morgen / Guten Tag / Guten Abend“ oder dem einfachen „Hallo“. Auch hier gilt: Mit der Nennung des Namens kommt's noch sympathischer rüber. Wenn Ihnen jemand mehrmals am Tag über den Weg läuft, können Sie den Gruß dann auf ein kurzes Kopfnicken beschränken. Alles andere wirkt aufgesetzt und würde den Gegrüßten irritieren.

Selbstverständlich gelten diese Regeln nur für Kolleginnen und Kollegen, mit denen Sie nicht enger befreundet sind. Im Gespräch mit befreundeten Kollegen sollten Sie darauf achten, keine Vertraulichkeiten in Gegenwart Dritter auszutauschen. Übrigens: Das in manchen deutschen Unternehmen immer noch weit verbreitete und altmodische „Mahlzeit" können Sie ruhig vergessen. Wünschen Sie lieber einen „Guten Appetit" beim Weg in die Kantine.

Die freundlichen fünf beim Begrüßen von Kolleginnen und Kollegen:

- Halten Sie eine angemessene Distanz ein (ein bis zwei Meter Abstand zu der gegrüßten Person).
- Nehmen Sie die Hände aus den Hosentaschen, denn das wirkt unhöflich und respektlos.
- Vermeiden Sie übertriebenes Händeschütteln. Quetschen Sie auch die Hand der anderen Person nicht.
- Sprechen Sie die Begrüßung, zum Beispiel „Guten Morgen" oder „Guten Tag", laut und deutlich aus, damit die gegrüßte Person Sie auch versteht.
- Halten Sie Blickkontakt und lächeln Sie.

Wenn Sie einer Gruppe begegnen, werden alle Personen zusammen begrüßt. Es ist einfach unhöflich den anderen Anwesenden gegenüber, eine einzelne Person herauszupicken und nur diese zu begrüßen. Holen Sie in diesem Fall die persönliche Begrüßung später nach. Das gilt auch, wenn Sie ein Großraumbüro betreten, in dem mehrere Kolleginnen und Kollegen arbeiten.

So begrüßen Sie Vorgesetzte

Wenn Ihnen Vorgesetzte begegnen, erwarten diese, von Ihnen als Erste gegrüßt zu werden, da dies als Zeichen des Respekts gilt. Gehen Sie auf Nummer sicher und ersetzen Sie lässige Grußformeln wie „Hallo“ oder „Hi“ durch das jeweils passende „Guten Morgen / Guten Abend / Guten Tag“. Ein lockeres „Hallo“ kommt oft zu salopp rüber und wirkt respektlos. Persönlicher ist es, den Gegrüßten mit seinem Namen anzusprechen.

Die zeitlosen zehn beim Begrüßen von Vorgesetzten:

- Halten Sie eine angemessene Distanz ein (ein bis zwei Meter Abstand zu der gegrüßten Person).
- Nehmen Sie die Hände aus den Hosentaschen.
- Grüßen Sie zuerst.
- Warten Sie, bis (oder ob) der Vorgesetzte Ihnen die Hand reicht.
- Falls ja, vermeiden Sie übertriebenes Händeschütteln.
- Quetschen Sie die Hand der anderen Person nicht.
- Sprechen Sie die Begrüßung laut und deutlich aus.
- Nennen Sie den Gegrüßten bei seinem Namen.
- Halten Sie beim Grüßen den Blickkontakt.
- Achten Sie auf Ihren Gesichtsausdruck und lächeln Sie.

So reagieren Sie auf einen Gruß

Es versteht sich von selbst, dass man in jedem Fall den Grüßenden zurückgrüßt. Auch wenn es sich um Kolleginnen oder Kollegen handelt, die einem nicht so besonders sympathisch sind. Auch hier ganz wichtig: Blickkontakt halten, lächeln und deutlich hörbar zurückgrüßen. Ist man gerade beim Essen und hat den Mund voll, bitte mit geschlossenem Mund deutlich sichtbar zurücknicken oder mit der Hand ein Winken andeuten. (Aber nicht mit den Händen wedeln!)

Wie machen Sie sich bekannt?

Auch wenn Sie sich bis jetzt noch nicht so viele Gedanken über dieses Thema gemacht und sich den anderen vielleicht auch eher lässig vorgestellt haben („Hi, ich bin die Lisa“ oder „Servus, ich bin der Tommi“) – im Berufsleben gibt es auch dazu bestimmte Spielregeln. Diese sollten Sie kennen, um sich selbst und andere miteinander bekannt zu machen.

So stellen Sie sich selbst vor

Nennen Sie Ihren vollständigen Namen, erst den Vornamen und dann den Nachnamen. Bitte keine Spitznamen oder Abkürzungen. Diese wirken unprofessionell und bleiben dem Privatleben vorbehalten. Hier einige Beispiele:

> „Guten Morgen, ich heiße Lena Vogler. Ich bin ab heute Ihrem Team zugeteilt.“
>
> „Ich darf mich kurz vorstellen? Mein Name ist Luca Giardelli. Ich mache eine Ausbildung zum Industriekaufmann.“
>
> „Guten Abend, zusammen! Ich bin Svenja Kaufmann aus der EDV-Abteilung.“
>
> „Guten Tag, ich heiße Sebastian Müller und bin hier zuständig für die Elektroanlagen.“

So stellen Sie jemanden vor

Wenn Sie in der Situation sind, dass Sie Personen einander vorstellen müssen, dann gilt die folgende Grundregel:

- Zuerst wird der Person, die in der Firmenhierarchie höher steht, die andere Person oder die anderen Personen vorgestellt. Es ist ein Zeichen der Höflichkeit, dass sie zuerst erfährt, wer die andere Person ist. Dabei ist es unerheblich, ob es sich um eine Frau oder einen Mann handelt.
- Dann stellen Sie der anderen Person oder den anderen Personen die hierarchisch höherstehende Person vor, mit Vornamen, Nachnamen sowie Beruf und Abteilung.

Welche Anrede empfiehlt sich?

Beim persönlichen Aufeinandertreffen stellt sich am Arbeitsplatz neben Grüßen und Vorstellung auch die Frage der passenden Anrede. Keine Angst, es geht jetzt nicht um komplizierte Fälle wie: Wie spricht man einen Grafen korrekt an? Was bedeuten die einzelnen akademischen Titel? und so weiter. Diese Fragen brauchen Sie im Berufsleben äußerst selten zu beantworten, so dass Sie diese erst einmal vernachlässigen können. Mit zwei Fragen werden Sie aber immer wieder zu tun haben:

- Duzen: ja oder nein?
- Akademische Titel: nennen oder weglassen?

Wie hält man es mit dem Du oder Sie?

Beim Duzen im Geschäftsleben ist größte Zurückhaltung angesagt. Bis auf wenige Branchen, beispielsweise im sozialen oder künstlerischen Bereich, ist man mit dem „Sie“ immer auf der sicheren Seite. Nichts ist peinlicher als ein übereiltes „Du“. Es wirkt distanzlos und ist im Berufsleben fehl am Platz. Eine Grundregel lautet: Wenn geduzt wird, dann geht der Anstoß immer vom Ranghöheren oder Älteren aus. Das heißt, der Jüngere muss warten, ob ihm das „Du“ angeboten wird.

Andererseits gilt ebenso: Auch Vorgesetzte sollten Mitarbeiter nicht ungefragt duzen. Der Klassiker: die Betriebsfeier. Wenn Ihnen in dieser

Situation von einem Vorgesetzten das „Du“ angeboten wurde, erst einmal abwarten, wie er sich am nächsten Tag verhält. Werden Sie wieder gesiezt, war das „Du“ eine einmalige Sache (oder ein Versehen). Schwenken Sie kommentarlos wieder auf „Sie“ um.

Wie geht man mit akademischen Titeln um?

Akademische Titel sind zum Beispiel „Doktor“ oder „Professor“, abgekürzt „Dr.“ und „Prof.“. Vorgesetzte achten sehr genau darauf, wie respektvoll sie angesprochen werden. Dazu gehört unbedingt die vollständige Anrede mit „Dr.“, „Prof.“ oder „Prof. Dr.“. Aus falsch verstandener Lässigkeit den Titel wegzulassen, kommt nicht gut an. Selbst wenn die Titelinhaber auf Sie eher einen lockeren Eindruck machen – auch nach außen lässige Menschen reagieren in dieser Angelegenheit empfindlich und beurteilen es als grobe Unhöflichkeit, wenn der Titel einfach weggelassen wird. Etwas anderes ist es, wenn Frau Dr. oder Herr Dr. von sich aus anbieten, ohne Titel angesprochen zu werden. Dann können Sie beruhigt von dieser Vereinfachung Gebrauch machen.

Was man beim Telefonieren beachten sollte

Ein großer Teil der beruflichen Gespräche wird telefonisch erledigt. Da die Gesprächspartner sich nicht sehen können (außer beim Skypen), fehlt die Möglichkeit, dem anderen durch Gesichtsausdruck und Gesten Zusatzinformationen zum gesprochenen Wort zu liefern. Um Informationen auszutauschen und Gefühle auszudrücken, hat man nur die Stimme zur Verfügung. Das kann ein Telefonat ganz schön knifflig machen, weil man sich leicht missverstehen kann. Hinzu kommt, dass die beteiligten Personen nicht wissen können, in welcher Situation oder Stimmung die andere Person sich gerade befindet. Stört man bei einer wichtigen Tätigkeit? Ist gerade eine Besprechung im Gang? Hat die andere Person es gerade eilig? All das zusammen macht bestimmte Regeln erforderlich. Die folgenden Regeln gelten natürlich besonders bei Telefonaten mit Vorgesetzten und Kunden. Aber auch Ihre Kolleginnen und Kollegen sind dankbar dafür, wenn Sie sie beachten.

Für alle Telefonate gilt

- Bei Telefonaten von außen den eigenen Vornamen und Nachnamen, den Namen des Unternehmens sowie die Abteilung nennen.
- Nicht nebenbei essen oder trinken. Lieber einige Sekunden warten, bis man den Mund wieder leer hat, bevor man das Gespräch annimmt.
- Deutlich sprechen und einen freundlichen Ton anschlagen.
- Eine Gesprächsnotiz vom Inhalt des Telefongesprächs anfertigen, damit man nichts vergisst.
- Wenn sich Wünsche, Fragen oder Anmerkungen des Gesprächspartners an andere Personen richten, diese weitergeben. (Besonders den Wunsch nach Rückruf!)
- Nicht unbeauftragt an das Telefon von Kollegen, Kolleginnen oder Vorgesetzten gehen.

Sonderfall: Umgang mit Handys

- Nicht nebenbei das Handy bedienen, während man mit anderen spricht.
- Prüfen, wer anruft, und den Anruf nur dann annehmen, wenn man sich nicht in einem Gespräch mit einer anderen Person befindet.
- Wenn das Handygespräch dringend ist, sich entschuldigen und das Telefonat annehmen, sich dabei aber kurz fassen.
- Prüfen, ob andere den Inhalt des Gesprächs mithören können (auf der Straße, beim Kunden, in der U-Bahn, auf dem Büroflur ...).
- Sich vergewissern, ob die Gesprächspartnerin oder der Gesprächspartner jetzt sprechen kann oder sprechen will.
- Wenn das Telefonat ungelegen kommt, einen Termin für ein späteres Telefonat vereinbaren.

- Während der Ausführung von Arbeiten nicht nebenbei E-Mail-Eingang oder SMS prüfen oder über Facebook chatten.
- Wenn man in einer Besprechung sitzt, Handy auf stumm schalten.

Wie vermitteln Sie mit kleinen Gesten Ihre Aufmerksamkeit?

Rücksichtsvolles Verhalten muss nicht anstrengend sein. Ganz nach dem Motto „Kleiner Aufwand, große Wirkung" finden Sie hier das Minimalprogramm, mit dem Sie bei Ihren Kolleginnen und Kollegen sowie bei Ihren Vorgesetzten punkten können – und Ihre guten Umgangsformen unter Beweis stellen. Probieren Sie's aus.

Die Top Ten der kleinen Aufmerksamkeiten

1.	Türen für entgegenkommende oder hinter einem laufende Menschen aufhalten.
2.	Personen aus dem Aufzug aussteigen lassen, bevor man sich selbst hineinquetscht.
3.	Am Aufzug auf jemanden warten, der gerade kommt, und für ihn die automatische Türöffnung betätigen.
4.	Jemandem Ordner, Pakete etc. tragen helfen.
5.	Jemandem unhandliche oder schwere Gegenstände abnehmen, wenn man sieht, dass die andere Person ihre Schwierigkeiten damit hat.
6.	Etwas aufheben, das jemandem heruntergefallen ist.
7.	Der Kollegin oder dem Kollegen am Kopierer den Vortritt lassen, wenn diese – im Gegensatz zu Ihnen – lediglich ein einzelnes Blatt kopieren wollen.
8.	Zur Seite treten, wenn es im Gang zu voll wird und andere es besonders eilig haben.

9.	Für jemanden einen Botengang mit erledigen, wenn man denselben Weg hat.
10.	In der Abteilung für Kaffeenachschub sorgen oder Tee kochen.

Dabei ist es völlig egal, ob es sich um den Chef, die Chefin oder männliche oder weibliche Kollegen, Kunden oder Geschäftspartner handelt. Man braucht keine großen Worte zu machen und der Aufwand für einen selbst ist denkbar gering. Probieren Sie es aus. Sie werden staunen, wie viel Sympathie Ihnen dann entgegenschlägt. Jeder freut sich über solche kleinen Aufmerksamkeiten – schließlich auch Sie selbst!

Warum sollte man „Reviere“ im Berufsleben beachten?

Der Begriff „Revier“ wird häufig im Zusammenhang mit wild lebenden Tieren verwendet. Das Revier bezeichnet den Raum oder den Platz, den ein Tier als sein eigenes Gebiet betrachtet. Revierverhalten ist übrigens auch bei Haustieren zu beobachten – denken Sie an die Lieblingsplätze Ihres Hundes oder Ihrer Katze, die von diesen energisch verteidigt werden.

Ganz ähnlich funktioniert das Revierverhalten bei Menschen. Jeder hat seine Lieblingsplätze. Im Privatleben ist es vielleicht Ihr Platz auf dem Sofa. Oder Ihr Lieblingssitz im Bus. Wenn Sie ins Kino gehen, sitzen Sie lieber am Rand als in der Mitte – oder umgekehrt. Im Fitnessstudio steigen Sie immer auf denselben Stepp-Trainer. Jeder Mensch hat seine Vorlieben, die zeigen, wie tief verwurzelt unser Revierverhalten ist, denn nichts anderes drücken wir durch solches Verhalten aus.

- Sie konnten es früher nicht ausstehen, wenn jemand ungefragt in Ihr Zimmer geplatzt ist?
- Das Aufräumen durch die Eltern war ausdrücklich verboten?

- Sie haben sich geärgert, wenn die Schwester mal wieder die Lieblingsohrringe ausgeliehen hat, ohne Ihnen etwas davon zu sagen?

Dies sind Beispiele für verletzte Reviere. Natürlich ist nicht jeder Mensch hier gleich empfindlich. Vielleicht gehören Sie ja zu den ausgesprochen großzügigen Menschen, die über solche Vorkommnisse hinwegsehen. Aber bedenken Sie: Sie können nie davon ausgehen, dass andere Menschen genauso denken wie Sie. Schon gar nicht im Beruf.

Die wichtigsten Revier-Situationen im Beruf

Im Beruf ist es der Schreibtisch, den man als sein eigenes Revier betrachtet, oder der Kleiderspind oder das Postfach oder der Stammplatz in der Kantine. Also Vorsicht, besonders, wenn man neu ist. Es gilt als Zeichen des respektvollen Miteinanders, nicht ungefragt in Reviere von anderen einzudringen. Wenn Sie Reviergrenzen nicht beachten – ob absichtlich oder unabsichtlich – dann müssen Sie mit verärgerten Reaktionen rechnen. Diese reichen vom stummen Augenbrauen Hochziehen bis zu einem handfesten Bürokrach – je nach Situation und Temperament der Beteiligten. *Ja gut und schön,* denken Sie vielleicht, *aber woran erkenne ich denn, ob ich Reviergrenzen verletze?* Die folgenden Beispiele verdeutlichen, was genau damit gemeint ist.

Geschlossene Türen

Türen bilden eine Grenze, die nur nach dem Anklopfen überschritten wird. Egal, ob es das Sekretariat, die Materialausgabe oder das Büro des Vorgesetzten ist.

Das hat seinen Grund: Vielleicht führt der andere gerade ein vertrauliches Telefonat, oder er hat ein persönliches Gespräch. Vielleicht will er auch einfach nur in Ruhe eine schwierige Arbeit vollenden, bei der er sich konzentrieren muss und nicht gestört werden will.

So verhalten Sie sich: Nicht ungefragt eintreten, sondern unbedingt anklopfen und darauf warten, dass Sie jemand hereinruft.

Sitzplätze bei Besprechungen

Treffen sich Teams oder Abteilungen zu einer Sitzung, hat jeder in der Regel seinen Stammplatz. Die Teamleitung nimmt meist am Kopf, also am kurzen Ende des Tisches Platz.

Das hat seinen Grund: Die Sitzordnung hat sich aus den vorangegangenen Besprechungen irgendwann einmal ergeben und wird von den Beteiligten als gültig angesehen. Auch gibt es sachliche Gründe dafür, wer wo sitzt, zum Beispiel die Sekretärin praktischerweise neben dem Vorgesetzten.

So verhalten Sie sich: Wenn Sie neu zu einer solchen Gruppe stoßen, warten Sie ab, bis sich die meisten Teilnehmerinnen und Teilnehmer gesetzt haben. Wählen Sie dann einen der noch freien Plätze. Zusätzlich noch den Sitznachbarn fragen, ob der Platz frei ist. So ist man auf der sicheren Seite. Das gilt auch für die Sitzordnung beim Mittagessen in der Kantine.

Schreibtische von anderen

Im Berufsleben zählen Schreibtische zu den persönlichen Revieren, obwohl sie meistens für andere frei zugänglich sind. Gemeint ist besonders das, was sich auf oder im Schreibtisch befindet. Es ist ein grober Eingriff in den persönlichen Bereich eines anderen, in Schubladen zu stöbern oder ungefragt Dinge (Locher, Schere, Heftmaschine, Stifte, Textmarker) vom Schreibtisch zu entfernen, weil man sie gerade braucht. Noch schlimmer ist es, wenn man diese „ausgeliehenen" Dinge dann nicht mehr zurückbringt.

Das hat seinen Grund: Wer sich ungeniert von anderen Schreibtischen mit Büromaterial eindeckt, handelt unhöflich und unkollegial. Schließlich braucht der andere diese Gegenstände ebenfalls und kann womöglich seine Arbeit dann nicht wie geplant fortsetzen. Außerdem bewahren die meisten Menschen in ihrem Schreibtisch auch persönliche Dinge auf. Dazu gehören zum Beispiel Fotografien von Familienmitgliedern, persönliche Unterlagen oder auch der dekorative Briefbeschwerer oder der Terminplaner aus echtem Leder, den man geschenkt bekommen hat. Und diese Dinge sind dann ja wirklich privat.

So verhalten Sie sich: An den Schreibtischen von Kolleginnen und Kollegen hat man in deren Abwesenheit nichts zu suchen, es sei denn, es handelt sich um einen gemeinsam genutzten Arbeitsplatz oder um eine Urlaubs- oder Krankheitsvertretung. So zeigen Sie rücksichtsvolles und korrektes Verhalten:

- Bedienen Sie sich nicht ungefragt an den Büromaterialien, die sich auf oder in einem fremden Schreibtisch befinden. Fragen Sie vorher, ob Sie etwas ausleihen oder benutzen dürfen.
- Suchen Sie nur im äußersten Notfall in fremden Schreibtischschubladen nach Unterlagen.
- Nehmen Sie nicht unerlaubt hinter fremden Schreibtischen Platz.
- Setzen Sie sich bei Gesprächen nicht auf die Schreibtischplatte.
- Benutzen Sie nicht ohne ausdrückliche Erlaubnis die Computer von Kolleginnen oder Kollegen, auch wenn Sie nur schnell etwas im Internet nachschauen wollen.
- Vermeiden Sie es, bei anderen mitzulesen, was diese gerade auf dem Bildschirm bearbeiten.
- Nutzen Sie keine „fremden" Drucker, ohne vorher zu fragen, auch wenn Sie nur eine Seite ausdrucken möchten.

Die gemeinsamen Pausenräume und Teeküchen

Bei diesen Treffpunkten muss man besonders aufpassen. Die Reviergrenzen sind manchmal schwer zu erkennen. Gemeint sind vor allem die gemeinsam genutzten Gegenstände wie Kaffeeautomat und Geschirr oder Kühlschrank, Mikrowelle und Spüle. In einem Bereich, in dem es keine klaren räumlichen Abgrenzungen gibt, reagieren die meisten Menschen besonders empfindlich auf Revierverletzungen – deshalb gibt es dort auch die meisten Konflikte untereinander. Pausenräume und Teeküchen sollten ja nicht die Ursache für zusätzlichen Stress im Team sein, sondern man will darin einfach in Ruhe seine Mittagspause verbringen. Die Regeln auf der folgenden Seite helfen Ihnen, zu einem harmonischen Miteinander mit den Kolleginnen und Kollegen beizutragen:

Küchenregeln für den Betrieb

Auch wenn man es privat eher etwas lässiger angehen lässt – für gemeinsam genutzte Räume wie Küche oder Pausenraum gilt:

- Das selbst benutzte Geschirr und Besteck nach Gebrauch abspülen oder in die Spülmaschine stellen (nicht nur oben drauf!).
- Spuren nach dem Essen beseitigen, zum Beispiel den Tisch abwischen, leere Verpackungen wegwerfen, Getränkeflaschen zurückstellen oder entsorgen.
- Nur das essen, was man selbst mitgebracht hat. Lebensmittel, auch wenn sie nicht namentlich gekennzeichnet sind, gehören jemandem. Sie haben sich nicht von selbst in den Kühlschrank gestellt. Ausnahme: Ausdrücklich für alle angebotenes (und entsprechend gekennzeichnetes) Essen, das auf dem Tisch steht, wie zum Beispiel ein Geburtstagskuchen. Eine schöne Geste, übrigens.

Tipp: Auch mal selber ab und zu etwas Essbares für alle stiften und sich nicht immer nur bei den leckeren Keksen der anderen bedienen.

Welche Körpersignale unterstreichen gute Umgangsformen?

Eine sympathische Ausstrahlung hat viel mit Körpersprache zu tun. *Was* Sie tun, ist wichtig. Um aber sympathisch und glaubwürdig auf andere zu wirken, ist es genauso wichtig, *wie* Sie etwas tun. Wenn Sie jemanden grüßen, aber den anderen dabei nicht anschauen, spielen Sie dem anderen lediglich etwas vor. Und das merkt man immer. Besser also, die eigenen Körpersignale noch einmal zu prüfen. Außerdem gibt es auch eine umgekehrte Wirkung, die Forscher herausgefunden haben. Wer lacht, macht sich selbst gute Laune, und wer eine offene Körperhaltung einnimmt, fühlt sich auch gleich besser.

Was ist an der Körperhaltung wichtig?

Aus der Art und Weise, wie Sie sich bewegen und welche Körperhaltung Sie einnehmen, schließen andere Menschen auf Ihre Stimmung oder auf Ihren Charakter. Wer morgens mit hängendem Kopf zur Arbeit schlurft und seine Kollegen mit grimmigen Blicken bedenkt, wird kaum als jemand wahrgenommen, der seine Arbeit gerne macht und sich dafür auch engagiert. Auch wenn es gestern etwas später geworden ist oder Sie sich heute schon über Ihren Nachbarn geärgert haben – bemühen Sie sich, sich das nicht sofort anmerken zu lassen.

Vermeiden Sie Signale, die Unlust, schlechte Laune und Desinteresse vermitteln, zum Beispiel:

- Schlurfender, schleppender Gang
- Hängende Schultern
- Gesenkter Kopf
- Abgewandter Blick
- Abweisender Gesichtsausdruck

Und nicht vergessen: Lächeln macht gute Laune. Probieren Sie's aus!

Bitte bedenken Sie außerdem: Es gibt auch Körpersignale, die Sie nicht beeinflussen können, wie Gähnen und Husten. Diese können aber auch als bewusste Gesten eingesetzt werden, um Langeweile, Widerspruch oder Arroganz zu vermitteln. Denken Sie an Situationen, in denen Sie selbst gähnenden Gesprächspartnern gegenübersaßen. Das hat Sie wahrscheinlich verunsichert und Sie fühlten sich nicht wohl. Wenn Ihr Gegenüber sich dann beispielsweise kurz entschuldigt und erklärt, dass sein Nachwuchs gerade jede Nacht schreit und er einfach ein Schlafdefizit hat, können Sie dieses Signal viel leichter nehmen und das weitere Gespräch viel entspannter führen. Ähnlich ist es, wenn jemand genau dann hüstelt, wenn Sie einen Ihrer Meinung nach brillanten Gedanken geäußert haben. Das kommt bei Ihnen als Ideenbremse an, ist aber oft gar nicht so gemeint. Also immer daran denken: Ihr Körper „spricht" eben immer mit.

Was machen Sie, wenn Ihr Körper nicht mitspielt?

Manchmal meldet sich der eigene Körper, wenn man es überhaupt nicht brauchen kann. Mal ist es der Hustenanfall, der gerade dann anfängt, wenn man telefonieren will. Oder es ist ein heftiger Gähnanfall mitten im Gespräch mit der Chefin. Oder das Parfüm der Kollegin kribbelt so in der Nase, dass man urplötzlich niesen muss. Alles Situationen, die tagtäglich passieren und die man kaum verhindern kann. *Eben,* werden einige von Ihnen vielleicht denken, *ist doch alles ganz natürlich, dagegen kann man eben überhaupt nichts machen.* Stimmt. Aber man kann sich angewöhnen, anderen gegenüber rücksichtsvoll und höflich damit umzugehen. Beispielsweise wenn sich ein heftiger Niesanfall ankündigt: Nehmen Sie die Hand vor den Mund oder ein Taschentuch vors Gesicht und wenden Sie sich von den Gesprächspartnern ab. In den meisten Fällen genügt das, wenn es sich um kurzes Husten oder Schnäuzen handelt. Wenn die anderen einen fragend oder mitleidig anschauen, hilft eine knappe Erklärung. Aber bitte keine ausführlichen Krankenberichte! Hier einige Beispiele:

„Entschuldigen Sie bitte, manchmal ist mein Heuschnupfen sehr hartnäckig."

„Danke, dass Sie gewartet haben, ich leide noch an den Resten meiner Erkältung."

„Einen Moment, ich stehe gleich wieder zur Verfügung, ich habe mich gerade verschluckt."

Sollte sich ein hartnäckiger Hustenanfall einstellen oder sollten Sie einen regelrechten Niesanfall erleiden, erübrigt sich zunächst eine Erklärung. Sie können sich ja sowieso nicht verständlich machen. Lieber kurz den Raum verlassen. Wenn die Beschwerden abgeklungen sind, wieder erscheinen und sich je nach Situation anschließend beim Gesprächspartner für die Unterbrechung entschuldigen.

Was sollte man bei Pizza, Pasta und Pausenbrot beachten?

Dies ist ein Thema, das für viele überhaupt nichts mit dem Beruf zu tun hat. *Schließlich ist das meine persönliche Angelegenheit,* werden Sie vielleicht denken. Das ist leider nicht so. Denn hier ist nicht die gesunde oder ungesunde Ernährung gemeint, sondern die bewusste Einstellung zu dem, was man während der Arbeitszeit zu sich nimmt. Und es geht darum, inwieweit dies mit den Anforderungen übereinstimmt, die Vorgesetzte, Kunden und die Kolleginnen und Kollegen an ein passendes Auftreten im Beruf stellen.

Kleine Stärkungen während der Arbeit

Für die Nahrungsaufnahme am Arbeitsplatz gibt es Pausenzeiten – ob im Büro, im Verkauf, in der Werkstätte oder auf dem Bau. Und das hat gute Gründe: Der Sinn einer Pause ist Erholung und Nahrungsaufnahme, also einfach mal wieder auftanken. Deshalb sollten Sie die Pause dafür nutzen, um etwas zu essen und zu trinken, und dann wieder gestärkt an die Arbeit zurückgehen. Wenn Sie aus Gründen der Bequemlichkeit oder stressbedingt direkt am Arbeitsplatz essen oder trinken, kann das unschöne Folgen haben:

- Schokoladenverschmierte Mundwinkel
- Bekleckerte Kleidung
- Fettige Hände
- Kaffeeflecken auf dem Geschäftsbericht
- Apfelsaft in der Computertastatur
- Brötchenkrümel auf dem Tablet-PC

Selbstverständlich hat niemand etwas dagegen, wenn Sie für den kleinen Hunger zwischendurch stets eine Packung Kekse oder einen Müsliriegel greifbar haben, die Sie dann bei Bedarf essen. Nur sollte dies mit der notwendigen Zurückhaltung geschehen. Das gilt vor allem beim Telefonieren:

- Nicht mit vollem Mund telefonieren, denn das hören die Gesprächspartnerin oder der Gesprächspartner sofort – und das kommt gar nicht gut rüber.
- Falls Sie Ihren Mund voll haben, warten Sie, bis Sie den Bissen auch fertig gekaut haben, bevor Sie zum Hörer greifen.
- Wenn dies so schnell nicht zu machen ist, bitten Sie jemanden, kurz für Sie ans Telefon zu gehen.

Bei Gesprächspartnern kommt es nicht gut an, wenn man mit vollem Mund telefoniert – man hört es nämlich. Falls Sie Ihren Mund voll haben, warten Sie lieber, bis Sie den Bissen auch fertig gekaut haben, bevor Sie das Telefonat beginnen. Solche Situationen können Sie ganz vermeiden, wenn Sie weder am Arbeitsplatz noch während der Verrichtung einer Arbeit Ihr Mittagessen zu sich nehmen.

Auch aus einem anderen Grund ist Essen am Arbeitsplatz nicht empfehlenswert. Denn dadurch kann bei Kunden und Vorgesetzten leicht der Eindruck einer „Dauerpause" entstehen, weil keine äußerlich klare Trennung zwischen Pausenzeit und Arbeitszeit sichtbar ist. Das wirft ein schlechtes Licht auf Ihre Leistungsbereitschaft – und das wollen Sie ja sicher vermeiden.

Essen mit Nebenwirkungen

Natürlich schmecken Döner, Knoblauchbaguette und Mettbrötchen mit rohen Zwiebeln hervorragend, wenn man in der Mittagspause mal richtig Kohldampf hat und etwas Herzhaftes braucht. Keiner möchte Ihnen den Genuss dieser Speisen vermiesen. Denken Sie aber daran, dass dieses Essen Nebenwirkungen hat – und zwar in erster Linie für Menschen, die anschließend mit Ihnen zusammenkommen. Denn wenn Sie Gerichte mit einem starken Aroma zu sich nehmen, hält sich der Geruch noch lange, und das ist für andere nicht immer eine angenehme Erfahrung. Also üben Sie einfach etwas Rücksicht gegenüber anderen. Dabei helfen Ihnen die folgenden Schlüsselfragen:

- Kommen Sie heute noch mit Kunden zusammen?
- Haben Sie einen Termin mit Ihrem Vorgesetzten?
- Ist eine Teambesprechung angesetzt?
- Arbeiten Sie in einem Bereich, in dem Sie bei anderen auf Tuchfühlung gehen müssen (Arztpraxis, Zahnarztpraxis, Friseursalon, Kosmetikstudio, Sportstudio)?
- Arbeiten Sie am Arbeitsplatz (räumlich) eng mit jemandem zusammen?
- Müssen Sie körperlich anstrengende Arbeiten ausführen, bei denen man leicht ins Schwitzen gerät?

Wenn Sie mindestens eine Frage mit Ja beantworten, lautet die Empfehlung: auf Knoblauch & Co. besser verzichten und bis zum Wochenende warten. Tipp: zur Sicherheit immer ein paar Kaugummis oder Pfefferminzbonbons dabei haben.

Vorsicht beim Thema Alkohol

Grundsätzlich herrscht heutzutage in den Unternehmen ein flächendeckendes Alkoholverbot während der Arbeitszeit. Dennoch gibt es im Berufsleben Situationen, in denen man mit Alkohol in Berührung kommt – und auch hierfür gelten bestimmte Spielregeln.

Folgende Situationen sind gemeint

- Weihnachtsfeier und Firmenjubiläum
- Betriebsausflug
- Geburtstage oder Feiern zu einer Beförderung
- Einstand oder Verabschiedung
- das gemeinsame Team-Mittagessen in der Pizzeria um die Ecke

In allen diesen Situationen wird in der Regel Alkohol ausgeschenkt. Allerdings ist Vorsicht im Umgang mit Alkohol geboten, denn Sie sollten die unerwünschte Wirkung gegenüber anderen beachten:

- Wer bei der Weihnachtsfeier einen über den Durst trinkt, hat womöglich Schwierigkeiten damit, die nötige Distanz zu anderen Personen zu wahren, oder blamiert sich mit unbeherrschtem Verhalten.
- Wenn man beim Mittagessen nicht auf Bier oder Wein verzichten will, erweckt man bei Vorgesetzten, Kunden und Teammitgliedern den Eindruck, man wolle den restlichen Arbeitstag nicht mehr produktiv arbeiten.
- Schon kleine Mengen Alkohol (gilt auch für Likörpralinen!) können eine „Fahne" zur Folge haben. Menschen, denen man im Berufsalltag begegnet, könnten so fälschlicherweise vermuten, man habe ein Alkoholproblem.

Wie wichtig ist die innere Einstellung für rücksichtsvolles Verhalten?

Gute Vorsätze für ein rücksichtsvolles Auftreten im Beruf sind leicht gefasst. Mit der Umsetzung im Alltag ist es dann häufig doch nicht so einfach: Oft steht man sich dabei selbst im Weg, wenn man zum Beispiel selber schlecht drauf ist. *Die sollen doch jetzt lieber mal nett zu mir sein, wo ich mich heute doch so mies fühle,* sagen Sie sich in dieser Stimmung vielleicht. Das ist verständlich, bringt Sie aber nicht weiter. Immer darauf zu warten, dass andere etwas für einen tun, ist unrealistisch – da ist der Frust vorprogrammiert.

Derjenige, der seine schlechte Laune nicht an anderen auslässt, wird auch von anderen rücksichtsvoll behandelt werden. So herum funktioniert es nun mal – nicht umgekehrt. Die Arbeit macht allen mehr Spaß, wenn sie nicht durch Stimmungsschwankungen oder eine schlechte Tagesform belastet wird. Schließlich können die anderen nichts für das eigene Stimmungstief. Damit dies gelingt, ist eine Portion Selbstdisziplin notwendig.

Gute Laune „Marke Eigenbau"

Was kann man also tun, um sich in eine möglichst ausgeglichene und positive Grundstimmung zu versetzen – auch wenn schon wieder Montag ist und die Arbeitswoche vor einem liegt? Versuchen

Sie es einfach mal mit den nachfolgenden Tipps und überlegen Sie sich selbst welche, die Ihre Laune heben:

☹	☺
So geht's meistens schief	**So klappt's besser**
Morgens unter Zeitdruck alles zusammensuchen.	Wichtige Dinge wie Schlüssel, Firmenausweise, Busfahrkarte etc. am Abend davor rauslegen, Tasche packen.
Anziehen, was gerade da liegt, oder ein bestimmtes Teil verzweifelt suchen.	Abends raushängen, was man am nächsten Tag anziehen will, auf fehlende Knöpfe, Flecken etc. untersuchen – und bei Bedarf ausbessern.
Zu spät aufstehen, damit man länger schlafen kann.	Wecker mit Zeitpuffer stellen, damit man sich in Ruhe fertigmachen kann.
Fernsehen oder im Internet surfen.	Lieblingsmusik zum Wecken hören und MP3-Player mitnehmen.
Sich darauf verlassen, dass man die Anschluss-S-Bahn garantiert noch kriegt.	Den Weg zur Arbeit realistisch planen und Verspätungen einrechnen.
Immer wieder auf der Wegstrecke im Autostau steckenbleiben.	Mit öffentlichen Verkehrsmitteln oder dem Rad zur Arbeit fahren.
Öfter zu wenig Schlaf bekommen, weil die Party so toll ist.	Die eigene Party-Kondition realistisch einschätzen.

Praxistest Umgangsformen

Testen Sie nun Ihre neu erworbene Kompetenz in Keepsmiling! Beantworten Sie die folgenden Fragen, um das bis jetzt vermittelte Wissen zum Thema Umgangsformen anzuwenden. Die Fragen schildern alltägliche Situationen, in denen Sie mit guten Umgangsformen positiv auffallen können. Die Auflösungen mit Erläuterungen können Sie auf Seite 57 nachlesen.

Frage 1
Sie sind als Azubi den ersten Tag im Betrieb und treffen auf neue Kolleginnen und Kollegen. Leider ist die Ausbildungsleiterin heute auf einer Tagung und kann Sie nicht vorstellen. Wie machen Sie sich bekannt?

A ❑ Ich sage „Hallo“ und lächle, den Rest kann ich ja noch erzählen, wenn die Ausbildungsleiterin wieder da ist.

B ❑ Ich nenne meinen Vornamen und mein Alter. Ich erzähle, wo ich wohne und wo ich immer einkaufe, auf welcher Schule ich war und welche Musik da gerade in ist, und ich berichte noch über meine Hobbies. Denn die neuen Kolleginnen und Kollegen wollen doch bestimmt gleich alles über mich erfahren.

C ☑ Ich sage „Guten Morgen“ und nenne meinen Vornamen und Nachnamen. Dann berichte ich, was für eine Ausbildung ich als Azubi ab heute in diesem Betrieb mache.

Frage 2
Sie arbeiten in einem Großraumbüro mit 20 Kolleginnen und Kollegen zusammen. Wie grüßen Sie, wenn Sie morgens an Ihrem Arbeitsplatz erscheinen?

- **A** ☑ Ich rufe laut und deutlich „Guten Morgen“ in die Runde und gehe dann zu meinem Platz.
- **B** ☐ Ich gehe zu jedem Einzelnen hin und begrüße ihn persönlich.
- **C** ☐ Ich gehe wortlos zu meinem Arbeitsplatz und denke mir: *Mich hört hier ja eh' keiner. Die Begrüßung kann ich ja später in der Frühstückspause nachholen.*

Frage 3
Auf dem Weg in die Kantine treffen Sie Ihren Vorgesetzten im Fahrstuhl. Wie verhalten Sie sich?

- **A** ☐ Ich grüße freundlich und warte dann ab, ob der andere ein Gespräch beginnt.
- **B** ☑ Ich grüße und mache eine Bemerkung über das Wetter.
- **C** ☐ Ich grüße und nutze die günstige Gelegenheit, um wegen meines Urlaubsantrages nachzufragen.

Frage 4
In der Mittagspause erzählt ein Kollege einen Witz, der sich über dicke Menschen lustig macht. Die meisten lachen. Ihre Kollegin mit Übergewicht sitzt mit dabei. Wie reagieren Sie?

- **A** ☐ Ich stehe sofort auf und verlasse wortlos den Raum.
- **B** ☑ Ich sage dem Kollegen, dass ich solche Witze überhaupt nicht lustig finde, und wechsle das Thema.
- **C** ☐ Ich lache mit, obwohl ich den Witz unpassend finde.

Frage 5
Sie sind auf dem Weg zu Ihrem Arbeitsplatz und sind spät dran. Auf dem Firmenflur begegnet Ihnen die Postfrau mit einem voll beladenen Wagen. Durch eine Unachtsamkeit fällt die Post auf den Boden. Was tun Sie?

A ❑ Klar, dass ich da mit anpacke. Ich helfe ihr, alles wieder einzuordnen, und nutze die Gelegenheit noch für ein ausführliches Schwätzchen. Die Postfrau kennt immer den neuesten Tratsch und Klatsch.

B ☑ Ich helfe ihr rasch, die Umschläge vom Boden aufzuheben, und erzähle kurz, dass ich heute schon spät dran bin, und gehe dann weiter.

C ❑ Ich düse im Laufschritt vorbei. Schließlich bin ich spät dran. Mir hilft ja auch keiner.

Frage 6
Sie haben die Aufgabe, eine Ware auszuzeichnen, und benötigen hierfür die Etikettiermaschine eines Kollegen, weil Ihre defekt ist. Wie gehen Sie vor?

A ❑ Ich warte, bis der Kollege ans Telefon gerufen wird, und schnappe mir dann das Ding.

B ☑ Ich frage ihn, ob er mir für eine Stunde die Maschine ausleiht. Danach bringe ich sie ihm unaufgefordert wieder zurück.

C ❑ Ich frage ihn, ob er mir für eine Stunde die Maschine ausleiht und behalte sie solange, bis er zu mir kommt und sie zurückhaben will. Vorher braucht er sie ja nicht.

Frage 7
Sie müssen dringend Ihre Chefin etwas fragen, um Ihre Arbeit weiter fortsetzen zu können. Als Sie vor deren Büro ankommen, ist die Tür verschlossen. Sie hören aber von drinnen Stimmen. Was machen Sie?

A ❑ Ich denke: *Gott sei Dank, sie ist da!* und betrete nach kurzem Klopfen den Raum.

B ❑ Ich denke: *Mist, da ist wohl gerade eine Besprechung im Gange,* und gehe wieder.

C ❑ Ich denke: *Ich sollte zwar nicht stören, aber ich brauche die Auskunft dringend.* Sie beschließen, Ihre Chefin anzurufen und zu fragen, ob sie trotz der Besprechung einen Moment Zeit für Sie hat.

Frage 8
Die Stimmung auf der gestrigen Betriebsfeier war großartig. Zu später Stunde hat Ihnen der Produktionsleiter Herr Angelotti das „Du" angeboten: *„Ich bin der Guiseppe. Salute!"* Heute morgen treffen Sie ihn in der Kantine. Wie verhalten Sie sich?

A ❑ Ich freue mich, ihn zu sehen, und möchte ihm noch mal sagen, wie toll ich die Feier fand: *„Hallo Guiseppe, das war doch eine Superparty gestern. Ich hatte heute Morgen ganz schöne Anlaufschwierigkeiten!"*

B ❑ Ich warte erst mal ab, ob das Duzangebot von Guiseppe noch gilt. Wenn er mich heute morgen wieder siezt, dann gehe auch ich wieder zum „Sie" über und kommentiere dies nicht weiter.

C ❑ Ich traue mich nicht ihn zu duzen, sondern sage als Erstes zu ihm: *„Also diese Duzerei von gestern Abend war ja wohl nicht ernst gemeint, das vergessen wir doch besser ..."*

Frage 9
Es ist Mittagszeit im Kosmetikstudio. Sie beratschlagen mit einer Kollegin, was Sie sich zu essen besorgen wollen. Die Kollegin sagt: „Mensch, ich habe jetzt Appetit auf ein Fischbrötchen so mit richtig viel Zwiebeln.“ Schließen Sie sich diesem Vorschlag an?

A ☐ Ich bin begeistert und lasse mir ein Heringsbrötchen einpacken.

B ☐ Ich entscheide mich für Tintenfischringe mit Knoblauchsoße. Die sind so praktisch zum Eintunken.

C ☑ Ich begleite die Kollegin zum Imbissstand, wähle dort für mich aber ein belegtes Käsebrötchen.

Frage 10
Ein neuer Kollege heißt Dr. Armin Staudenmeier. Er ist noch sehr jung und macht einen ziemlich lockeren Eindruck auf Sie. Wie begrüßen Sie ihn, wenn Sie ihn morgens auf dem Firmenparkplatz treffen?

A ☐ „Morgen, Herr Staudenmeier!“

B ☑ „Guten Morgen, Herr Dr. Staudenmeier.“

C ☐ Ich nicke ihm wortlos zu. Man sieht sich ja später noch.

Auflösungen zum Praxistest Umgangsformen

Frage 1
Mit der Lösung 1 C liegen Sie richtig, denn genau das interessiert Ihre neuen Kolleginnen und Kollegen. Mit 1 B gewinnen Sie zwar den Oskar für Geschwätzigkeit – aber Sie nerven auch – und das gleich am ersten Tag! Mit einer schüchternen und unvollständigen Vorstellung, wie in 1 A beschrieben, kommen Sie ganz blass rüber – und brauchen dann lange, um diesen ersten Eindruck wieder zu verändern.

Frage 2
2 A ist empfehlenswert, denn dadurch zeigen Sie, dass Sie da sind – und können trotzdem zügig mit der Arbeit beginnen. 2 B ist viel zu umständlich, denn 20 Kolleginnen und Kollegen persönlich zu begrüßen dauert zu lange – und man glaubt schnell, Sie wollen den Arbeitsbeginn verzögern. 2 C dagegen ist ganz unmöglich, denn wenn Sie so wortlos an Ihren Platz gehen, verbreiten Sie wirklich keine gute Laune am Morgen.

Frage 3
Empfehlenswert ist 3 A, denn damit lassen Sie Ihrem Gesprächspartner die Möglichkeit, entweder selbst ein Gespräch anzufangen oder aber seinen Gedanken nachzuhängen. Die Lösung 3 B, ein Gespräch über das Wetter zu beginnen, ist auch möglich, allerdings nur, wenn Sie dazu etwas Originelles zu sagen haben. Sonst lassen Sie es lieber. Belästigen Sie Ihren Vorgesetzten aber auf keinen Fall in der Mittagspause mit Urlaubsanträgen oder Ähnlichem, wie bei 3 C beschrieben.

Frage 4
In dieser schwierigen Situation zeigen Sie mit 4 B Mut und Engagement für den Betriebsfrieden. Denn einerseits zeigen Sie Ihrem Kollegen eine Grenze auf, dass nämlich Witze auf Kosten der Anwesenden peinlich sind. Und andererseits bauen Sie dann durch den Themenwechsel eine Brücke und ermöglichen einen Fortgang des Gesprächs. Das beleidigte Aufstehen 4 A ist eine übertriebene Reaktion. Und

außerdem kann es passieren, dass der Kollege mit den geschmacklosen Witzen es gar nicht mitkriegt, dass Sie aus Protest gegangen sind. Die Lösung 4 C wiederum ist einfach feige – überlegen Sie, wie unwohl sich dabei die Kollegin mit dem Übergewicht fühlt. Das verstärken Sie durch das gedankenlose Mitlachen noch – und das hat die Kollegin nicht verdient.

Frage 5
5 B ist eine freundliche kollegiale Verhaltensweise und wird sicher gut ankommen. Wenn Sie, wie bei 5 A beschrieben, dann aber noch ein ausführliches Gespräch mit der Postfrau abhalten, kommt Ihr Zeitplan wirklich ganz aus dem Takt. Und außerdem halten Sie so auch die Postfrau von der Arbeit ab. 5 C allerdings, nämlich einfach im Laufschritt vorbeidüsen, ist unkollegial und hinterlässt einen ziemlich arroganten Eindruck.

Frage 6
Mit 6 B entscheiden Sie sich für eine faire Lösung. Wenn Sie die Etikettiermaschine unaufgefordert zurückbringen, werden Sie diese das nächste Mal auch wieder ausleihen dürfen. 6 A geht einfach nicht. Diese Vorgehensweise ist unfair – und wer weiß, wer Ihnen dann die Maschine wegschnappt, wenn Sie mal eine kleine Pause machen. 6 C ist wirklich nicht empfehlenswert, denn dann ist Ihr Kollege sauer – und zwar mit Recht.

Frage 7
7 C ist eine gute Lösung, bei der Sie einerseits die Revierzone Ihrer Chefin beachten, und dennoch die Informationen bekommen, die Sie benötigen. 7 A kann dazu führen, dass Sie mitten in eine Besprechung reinplatzen – und dass Ihre Chefin Sie dann sofort wieder rausschickt. 7 B ist eine unbefriedigende Lösung, denn dann können Sie nicht weiterarbeiten, und wer weiß, wie lange die Besprechung noch dauert.

Frage 8
Empfehlenswert ist die Antwort 8 B, denn hier können Sie aus dem Verhalten des Vorgesetzten schließen, ob das „Duzangebot" weiterhin

gilt oder lediglich im Überschwang der guten Stimmung erfolgte. War das „Du“ ernst gemeint, können Sie ihn auch weiterhin duzen. Das Verhalten in 8 A ist undiplomatisch und kann peinlich werden, wenn man dann auf das eigene respektlose Verhalten hingewiesen wird. Die Antwort 8 C ist ebenfalls ungeeignet, denn damit riskieren Sie, den guten Draht zum Vorgesetzten zu verlieren, wenn das „Duzangebot“ doch ernst gemeint war.

Frage 9
Wenn Sie im Kosmetikstudio arbeiten, kommen Sie den Kundinnen deutlich näher als 50 cm – und dann sollten Sie sich für 9 C entscheiden. Damit verkneifen Sie sich zwar das Essen, auf das Sie im Moment große Lust haben. Aber dafür punkten Sie im Umgang mit den Kundinnen, denen Sie die Knoblauchfahne oder das Zwiebelring-Aroma ersparen. Wenn Sie, wie bei 9 A beschrieben, ein Fischbrötchen mit Zwiebelringen essen, dann werden die Kundinnen einiges auszuhalten haben. Auch bei der Lösung 9 B ist zu erwarten, dass Ihr Mittagessen durch den Knoblauchgeruch noch lange nachwirkt – und dass Sie damit Kundinnen – und möglicherweise auch Ihre Kolleginnen – belästigen.

Frage 10
In dieser Situation sind Sie mit 10 B auf der sicheren Seite. Auch wenn der neue Kollege erst mal einen lockeren Eindruck macht: Sein Titel steht ihm zu und Sie sollten diesen nicht einfach so wegkürzen. Falls er Ihnen nach dem dritten Mal erlaubt, den „Dr.“ wegzulassen, umso besser. 10 A ist viel zu kurz und lässig, das kommt möglicherweise nicht gut an. Und 10 C wirkt unaufmerksam und nachlässig, und führt dazu, dass der neue Kollege Sie mit diesen Eigenschaften verbindet.

Das erwartet Sie im folgenden Kapitel

Alle reden vom Wetter: Wie man beim Small Talk locker plaudert und dabei punktet

„Wer mitspielen will,
muss mitreden können.“
(Französisches Sprichwort)

Talkshow mit Tobias – aus dem Leben eines Azubis

Tobias hat vor vierzehn Tagen seine kaufmännische Lehre bei einer mittelständischen Maschinenbaufirma angetreten. Das Unternehmen beliefert die großen Autohersteller mit Klimaanlagen. Tobias ist sehr an Technik interessiert und findet seine Arbeit spannend und abwechslungsreich. Zurzeit ist er in der Versandabteilung tätig, seiner ersten Ausbildungsstation.

Er versteht sich gut mit seinem Kollegen Bülent, der bereits im zweiten Lehrjahr ist. Bülent hat ihm verraten, dass am kommenden Donnerstag Herr Dr. Eisenbart, der Unternehmensinhaber, seinen 60. Geburtstag feiert – mit der gesamten Belegschaft in der Kantine des Unternehmens. Tobias hat auch brav seinen finanziellen Beitrag zum gemeinsamen Geschenk aller Mitarbeiterinnen und Mitarbeiter – einen Golf-Schnupperkurs im örtlichen Golfclub – geleistet und die Geburtstagskarte unterschrieben. Sein Kumpel Bülent hat ihm außerdem von der letzten Weihnachtsfeier berichtet und ihm gleich empfohlen, das bevorstehende Fest auch dazu zu nutzen, um seine neuen Kolleginnen und Kollegen näher kennenzulernen und die neuesten Firmen-News in Erfahrung zu bringen.

Heute ist der große Tag: der Geburtstag vom Chef mit feierlichem Umtrunk und großem Büfett! Alle dürfen bereits um 17 Uhr Feierabend machen. Tobias ist, ehrlich gesagt, ganz schön aufgeregt. Er wird jeder

Menge neuer Gesichter begegnen (er kennt ja noch kaum jemanden), darunter sämtliche Abteilungsleiter und natürlich der Chef persönlich, mit dem er seit seinem Bewerbungsgespräch auch noch kein weiteres Wort gewechselt hat. Aber Tobias macht sich Mut und ist ganz gespannt, wie das festliche Ereignis verlaufen wird. *Schließlich bin ich ja nicht auf den Mund gefallen,* denkt er sich. Bei seinen Freunden ist er wegen seines selbstbewussten Auftretens und seines Humors geschätzt. Und in der Schule hat er mit seinen Pausenwitzen immer für gute Stimmung gesorgt.

Als er kurz nach 17 Uhr die Kantine betritt, ist schon mächtig was los. Sein Kumpel Bülent ist allerdings nirgendwo zu sehen. Überall fremde Gesichter. *Na dann, auf ins Getümmel,* denkt Tobias. Er erspäht zwei Anzugträger jüngeren Alters, die in der Nähe des Getränkeausschanks stehen. Sie haben jeder ein Glas Sekt in der Hand und unterhalten sich angeregt. *Mensch, so einen schicken Anzug würde ich mir auch gern leisten,* überlegt Tobias. *In welcher Abteilung die Jungs wohl arbeiten?* Entschlossen geht er auf die beiden zu. *Nur nicht gleich mit der Tür ins Haus fallen,* überlegt er sich, *erst einmal dezent zu den beiden dazustellen.* Er nimmt sich vor, das Gespräch zunächst eine Weile zu verfolgen. Die beiden Männer tauschen sich offensichtlich über die Besetzung einer offenen Sekretärinnenstelle aus. Der „graue Anzug" sagt: „Ja, die zweite Bewerberin hat einen sehr guten Eindruck hinterlassen. Wie liefen denn die Gehaltsverhandlungen mit ihr?" „Du, das erzähle ich dir lieber bei ein paar Häppchen", antwortet sein Gegenüber. Beide drehen sich plötzlich weg und schlendern in Richtung Büfett, ohne Tobias Beachtung zu schenken. *Na, so was,* denkt Tobias bei sich, *die waren ja so in ihr Gespräch vertieft, die haben mich gar nicht bemerkt* – und er beschließt, seine Annäherungsstrategie zu ändern.

Er bemerkt eine lebhafte, gemischte Fünfergruppe. Er stellt sich dicht dazu und verfolgt interessiert das Gespräch. Die jüngere der beiden Frauen erzählt gerade von ihrem neuen Hobby, dem Kite-Surfen, das sie während ihres Sommerurlaubs in Thailand erlernt hat. Die anderen lauschen gebannt ihren Ausführungen. Mit den witzigen Schilderungen ihrer verunglückten Anfängerversuche bringt die Erzählerin alle zum Lachen. *Da kann ich doch noch einen draufsetzen,* denkt sich Tobias. Ermutigt von der lebhaften Stimmung der Gruppe beginnt er nun seinerseits von seinem Hobby – Computerspiele – zu erzählen. Das Spiel „Grand Theft Auto 5" hat es ihm besonders angetan. „Die realistische Darstellung der Figuren und die detailgetreue Spieloberfläche – einfach der Hammer! Am besten wirkt das Ganze natürlich mit dem Dual Shock 4 Wireless Controller. Da knallt es dann erst so richtig", erzählt er. Als ihm nichts mehr einfällt, verabschiedet er sich von seinen Gesprächspartnern mit der Bemerkung, dass er überhaupt noch nichts gegessen hat und jetzt endlich einmal das Büfett erkunden will. Komisch, die junge Kite-Surferin ist auf einmal verschwunden. Auch die anderen zerstreuen sich rasch. Schade, er hätte gern erfahren, wie sie heißen und in welcher Abteilung sie arbeiten. Hätte er sich mit seinem Namen vorstellen sollen? *Ach nein, das ist doch viel zu altmodisch und steif,* denkt er.

Am Büfett reiht sich Tobias in die Schlange der Hungrigen ein. Mit Teller, Serviette und Besteck bewaffnet, muss er sich noch etwas gedulden, bis er an der Reihe ist. Plötzlich wird die Frau vor ihm von einem heftigen Niesanfall geschüttelt. Fürsorglich legt er ihr seine Hand auf die Schulter und wünscht ihr Gesundheit. Sofort fühlt er sich an seine schwere Grippe erinnert, die ihn vor wenigen Wochen fest im Griff hatte, und er beschreibt der Kollegin ausführlich den Krankheitsverlauf. Da ist es ihm dreckig gegangen, oh Mann! Schüttelfrost und eine Schniefnase, die sich gewaschen hat. Er ist mit dem Schnäuzen gar nicht mehr nachgekommen, so sehr ist ihm die Nase gelaufen. Einfach eklig. Hoffentlich bleibt das der Kollegin erspart. „Am besten heute Abend noch in die heiße Wanne, das wirkt ja bekanntlich Wunder", empfiehlt er der Kollegin abschließend. „Super Idee. Danke für den Hinweis. Hoffentlich ist mir jetzt der Appetit nicht vergangen", gibt die Frau zurück, nimmt sich eine Portion Thunfischsalat und entschwindet wort- und grußlos. *Oje, entweder chronisch schlecht gelaunt oder schon der erste Fieberschub,* denkt Tobias. *Da habe ich aber auch ein Pech heute!*

Schließlich setzt er sich allein an einen freien Tisch und beginnt sich über seinen Braten herzumachen. Da sieht er auf einmal Bülent auf sich zukommen. „Hallo, Bülent! Super, dass du da bist. Komm, setz dich!“, begrüßt Tobias seinen Kollegen erleichtert – froh, ein bekanntes Gesicht neben sich zu haben. Irgendwie hat er sich die Feier unterhaltsamer vorgestellt. Den Rest des Abends unterhalten sich die beiden über Fußball, die neuesten DVDs und das Lernpensum an der Berufsschule. *Auf Bülent kann ich mich wenigstens verlassen,* denkt sich Tobias, als er sich von ihm verabschiedet.

Später auf dem Heimweg beschleicht ihn dann ein ungutes Gefühl. *Mensch, ich habe gar keine neuen Kollegen kennengelernt,* denkt er. Er hätte auch gern noch mehr über das Unternehmen und seinen Chef erfahren. Das hat auch nicht funktioniert. Niemand hat ihn aufgefordert, sich der betriebseigenen Fußballmannschaft anzuschließen, wie er insgeheim gehofft hat. *Irgendwie ist es doch nicht so prima gelaufen,* muss er zugeben. Die anderen Gäste waren aber auch irgendwie alle nicht richtig zugänglich oder haben recht ablehnend reagiert. *Das verstehe ich nicht, denn schließlich habe ich mir doch wirklich alle Mühe gegeben,* grübelt er. Oder etwa nicht?

Rückblende: Welche Fehler hat Tobias gemacht?

Haben Sie die Fehler von Tobias auf Anhieb erkannt? Es gibt bestimmte „Lieblingsfehler“ beim Small Talk, die man leicht begeht – ob aus Unsicherheit, Gedankenlosigkeit oder Unwissen. Der Rückblick erklärt noch einmal die Erlebnisse von Tobias. Tobias hat sich auf diesen Abend gefreut und wollte seine Kolleginnen und Kollegen besser kennenlernen. Doch so, wie er sich benommen hat, hat es nicht funktioniert. Im Folgenden erfahren Sie, wie Sie es besser machen.

Stichpunkt: Zweiergruppen

Zwei Kollegen, die Tobias noch nicht kennt, sind in ein Gespräch vertieft. Tobias stellt sich einfach dazu und hofft, dass sie ihn schon beachten werden.

Grundregel

Ein „Gesprächspaar“ empfindet andere Personen schnell als Eindringlinge in seine Privatsphäre. Das gilt besonders, wenn man die beiden Gesprächspartner nicht oder nur oberflächlich kennt und das Gespräch der beiden einen vertraulichen Inhalt hat. Wenn man also bemerkt, dass ein Zweiergespräch bereits in Gang ist, lieber eine lockere Gruppe von mehreren Personen aufsuchen. Mehr dazu lesen Sie auf der Seite 77.

Stichpunkt: Abstand zum Gesprächspartner

Tobias will nichts verpassen und drängt sich bei einer Fünfergruppe dazwischen.

Grundregel

Ein „Aufrücken“ näher als bis zu einem Abstand von 40 bis 50 cm wirkt aufdringlich und beengend. Respektieren Sie die private Schutzzone der anderen. Sie hängt unter anderem von der Vertrautheit der Personen untereinander ab. Mehr darüber erfahren Sie auf Seite 74.

Stichpunkt: Vorstellung der eigenen Person

Tobias ist sich nicht sicher, ob er sich wirklich förmlich mit Namen vorstellen soll. Aus Angst, altmodisch zu wirken, überspringt er die Vorstellung der eigenen Person und verhält sich damit den anderen gegenüber (ungewollt) unhöflich.

Grundregel

Man sollte sich nie darauf verlassen, dass einen alle sowieso kennen oder dass der Name den anderen nicht wichtig ist. Also immer sich selbst mit Vornamen und Nachnamen vorstellen. Am besten noch kurz erwähnen, in welcher Abteilung man arbeitet und/oder welche Verbindung man zur betreffenden Veranstaltung hat. Dies gibt gleich einen Aufhänger für ein Gespräch. Mehr darüber auf Seite 77.

Stichpunkt: Gesprächsinhalt

Tobias beißt sich an seinem Lieblingsthema fest. Er achtet nicht darauf, ob es die anderen überhaupt interessiert. Die Folge: Seine Schilderung langweilt die anderen Gesprächspartner und sie klinken sich nach und nach aus.

Grundregel

Themenvielfalt ist das Unterhaltsame beim Small Talk. Für jeden sollte etwas dabei sein. Mit Fragen und Antworten wirft man sich im Small Talk die Bälle zu. Dieses unterhaltsame Hin und Her vermittelt Interesse am anderen und hält das Gespräch in Gang. Mehr darüber erfahren Sie ab Seite 70.

Stichpunkt: Vertraulichkeit

Tobias legt am Büfett spontan seiner Gesprächspartnerin die Hand auf die Schulter. Die findet das aufdringlich und lässt ihn stehen.

Grundregel

Körperkontakt, wie die Hand auf die Schulter legen oder den Arm um die Schulter legen, ist nur dann in Ordnung, wenn Sie jemanden bereits persönlich kennen und er Ihnen vertraut ist. Mehr darüber erfahren Sie auf Seite 74.

Kompaktwissen Small Talk

Was versteht man unter Small Talk?

„Small Talk" ist die Kunst des kleinen Gespräches, bei dem man locker plaudert, aber nicht platt daherredet. Damit ist Small Talk in vielen Situationen die ideale Gesprächsform. Oft glaubt man, dass ein gutes Gespräch unbedingt auch ernst und tiefgründig sein muss. Doch wie soll man ein solches Gespräch mit Menschen führen, die man entweder überhaupt nicht oder nur wenig kennt? Das Ergebnis: Man sitzt bei gesellschaftlichen Anlässen herum und langweilt sich zu Tode, weil interessante Gespräche zwar mit Freunden funktionieren, aber selten mit unbekannten Personen oder flüchtigen Bekannten. Oder man steht im Aufzug bis zum 15. Stock stumm nebeneinander und guckt Löcher in die Fahrstuhldecke.

Sehen Sie es einfach so: Die Oberflächlichkeit des Gesprächs ist ja gerade das Schöne am Small Talk. Man kann über vieles reden, auch wenn man nicht immer etwas zur Unterhaltung beisteuern kann. Wer den Small Talk beherrscht, kann immer wieder höflich das Thema wechseln, wenn man sich zum Beispiel langweilt oder glaubt, nicht mitreden zu können. Sich raushalten gilt nicht. Wer beim Small Talk nicht mitmacht, weil er solche Gespräche oberflächlich oder lästig findet, wird von seinen Kolleginnen, Kollegen und Vorgesetzten im besten Fall als langweilig, im schlimmsten Fall als arrogant und eingebildet abgestempelt – und das will schließlich niemand. Ein guter Small Talker benimmt sich dagegen humorvoll und locker.

Was hat Small Talk mit dem Beruf zu tun?

Hand aufs Herz: Ob auf der Silvesterparty bei neuen Freunden, beim Bewerbungsgespräch oder in der Pause eines Fortbildungsseminars – in Gegenwart von unbekannten Menschen beschleicht einen häufig ein mulmiges Gefühl. Man glaubt sich beobachtet, möchte nicht unangenehm auffallen, weiß aber nicht, wie man sich verhalten soll. Dadurch fühlt man sich schnell unsicher und gehemmt.

Ganz anders im vertrauten Freundeskreis: Dort fühlt man sich in der Regel pudelwohl. Auch Menschen, die sonst nicht so gern auf andere zugehen, kommen hier sympathisch rüber. Das ist auch kein Wunder: Privat passt der Freundes- und Bekanntenkreis meistens zu den eigenen Vorlieben. Im Beruf sieht es da schon anders aus. Besonders, wenn es sich um den ersten „richtigen" Arbeitsplatz, die Ausbildungsstelle handelt. Die Schulzeit ist fürs Erste abgehakt. Ein neuer Lebensabschnitt beginnt. Menschen, die Sie noch nicht kennen, erwarten, dass Sie auf sie zugehen.

Ob Sie nun einen Beruf ausüben, in dem Sie mit Kunden, Besuchern, Gästen, Mandanten oder Patienten zu tun haben, oder ob Sie mit Kolleginnen und Kollegen im Team arbeiten – wer entspannt mit anderen plaudern kann, sorgt für gute Stimmung und wirkt damit auf andere Menschen sympathisch. *Schön und gut,* werden jetzt manche von Ihnen denken. *Das habe ich auch schon mal gehört. Aber ist dieser ganze Small Talk denn nichts anderes als hohles Partygeplapper? Dazu habe ich nun wirklich keine Lust ...*

Überlegen Sie sich die folgende Frage: Haben Sie nicht schon manchmal jemanden beneidet, der mit lockerem Geplauder eine gute Stimmung schafft, verkrampfte Situationen auflockert oder andere Menschen zum Lachen bringt? Ist Ihnen nicht die freundliche Sekretärin in guter Erinnerung geblieben, die Sie während des Wartens auf Ihr Vorstellungsgespräch auf andere Gedanken gebracht hat? Nichts anderes bewirkt Small Talk: ein angenehmes und sympathisches Gefühl bei Ihrem Gegenüber zu hinterlassen. Vorausgesetzt, man beachtet bestimmte Regeln.

Und noch etwas: Gefragt sind beim Small Talk nicht die Plaudertasche oder der Klassenclown. Wer andere pausenlos zutextet, nervt die Gesprächspartner. Und wer stumm in der Ecke steht, kommt als Langweiler rüber. Und genau dazwischen liegt das richtige Maß, je nach Anlass und Gesprächssituation.

Wer Übung im Small Talk hat, vermittelt den anderen, dass er die gesellschaftlichen Spielregeln beherrscht und in der Lage ist, leicht und lässig Beziehungen zu knüpfen. Wenn Sie also die Kunst des Small Talks beherrschen, verbessern Sie Ihre Chancen, im Beruf erfolgreich zu sein, weil Sie als angenehmer Mensch wahrgenommen werden, mit dem man einfach gerne zusammenarbeitet.

Welchen Nutzen bringt Small Talk?

Ihre Gesprächspartnerinnen und Gesprächspartner im beruflichen Umfeld sind in der Regel Kolleginnen und Kollegen, Kunden und Vorgesetzte. Aber auch Hausmeister, Kantinenpersonal, Reinigungspersonal oder Pförtner. Das heißt, der kurze Schwatz im Fahrstuhl gehört ebenso dazu wie ein paar freundliche Worte an der Pförtnerloge oder ein kleiner Plausch in der Kantine. Dabei ist Hochnäsigkeit, weil man einen vermeintlich besseren Job hat, ganz fehl am Platz.

Eine entspannte Beziehung zu den guten Geistern der Firma kann in vielen Situationen sehr hilfreich sein. Wer sein Freundlichkeits-Programm nicht erst dann startet, wenn es dem eigenen Vorteil dient, wird staunen, wie leicht auch mal ein Sonderwunsch erfüllt wird – zum Beispiel eine eilige Reparatur im Büro, das Aufgeben eines wichtigen Briefes oder noch schnell ein paar Häppchen aus der Kantine außerhalb der Essenszeit. Probieren Sie's aus!

Das bringt Ihnen gekonnter Small Talk:

- Small Talk schafft eine gute Atmosphäre.
- Mit Small Talk kann man unangenehme und peinliche Situationen überspielen.
- Small Talk überbrückt Wartezeiten.
- Durch Small Talk lernt man immer wieder neue Leute kennen.
- Mit Small Talk sammelt man Sympathiepunkte.
- Small Talk erweitert den eigenen Horizont.
- Small Talk liefert viele Informationen, die man später gut gebrauchen kann.
- Small Talk bereitet Besprechungen mit ernstem Inhalt vor und stimmt den Gesprächspartner positiv ein.

Es gibt eine Vielzahl von Themen, die sich für den Small Talk anbieten. Aber es gibt auch eine Reihe von Themengebieten, die Sie unbedingt meiden sollten.

Welche Themen eigenen sich für den Small Talk?

Eigentlich ist es mit der Themenwahl gar nicht so schwer, wenn man die Merkmale der geeigneten Themen kennt:

Gesucht: Geeignete Small-Talk-Themen

Bevor man in den Small-Talk einsteigt, sollte man prüfen, ob das angedachte Thema auch geeignet ist. Dies ist der Fall, wenn

- man spontan und ohne große Vorbereitung darüber reden kann.
- man das Thema ohne Probleme nach wenigen Minuten wechseln kann.
- es nichts allzu Persönliches von einem selber oder der anderen Person berührt.
- das Thema eher positiv und/oder amüsant ist.

Hilfe, das ist ja ganz schön schwierig, denken Sie vielleicht. Doch mit den folgenden Themenvorschlägen gelingt es Ihnen, angemessen und freundlich mit anderen ins Gespräch zu kommen.

Themen, die sich aus der konkreten Gesprächssituation ergeben

- Der Weg zur Gesprächssituation: Erlebnisse während Anreise/Weg zur Arbeit/Weg zum Kunden, z. B. im Zugabteil, bei der Fahrt mit dem neuen Fahrrad, die Vorteile eines Navigationssystems, die geänderte Straßenführung.
- Was man vor dem Gespräch gemacht hat: Mittagspause, Teammeeting, Kunden bedient, Einkäufe erledigt.
- Was man anschließend noch vor hat: Pause, Schulung, Feierabend.
- Die Räumlichkeiten, in denen man sich befindet: Lage im Gebäude, Einrichtung, Möbel.

- Die Menschen, die man gerade getroffen hat: eine Kollegin, einen Kunden, den Hausmeister, einen Lieferanten.

Themen, die einen selber betreffen

- Familie: die reiselustigen Eltern, der Bruder, der sich super mit Autos auskennt, die Schwester, die im Ausland studiert.
- Haustiere: der eigene Hund, die eigene Katze, die Haustiere, die man als Kind hatte, der sprechende Papagei der Nachbarin, das Aquarium der Großeltern.
- Reisen: die beliebtesten Reiseziele, die Vorteile/Nachteile von Last-Minute-Angeboten, coole Wochenendtrips, die beste Übersetzungs-App.
- Essen und Trinken: die eigenen Lieblingsgerichte, das ultimative Tiramisu-Rezept, der leckere neue Softdrink, Cocktails ohne Alkohol, für Freunde kochen.
- Freizeit und Sport: das tolle Multiplex-Kino, das beste Fitness-Studio, der Fanclub des örtlichen Fußballvereins, die beliebteste Disko der Stadt, angesagte Games, Erlebnisse in der Fahrschule, die neue Skateboard-Rampe, Mountainbike-Routen für Anfänger.
- Gemeinsame Bekannte: der Vorsitzende des Handballclubs, der frühere Klassenkamerad, die ehemalige Kollegin, die geselligen Nachbarn.
- Wohnen: die Vorteile des Alleinewohnens, die Vorteile von Wohngemeinschaften, die Entfernung zum Arbeitsplatz, die Pannen beim letzten Umzug, gute Einrichtungsideen.

Themen von allgemeinem Interesse

- Sport: die Stars der letzten Olympischen Spiele, die aktuelle Bundesligatabelle, das Kopf-an-Kopf-Rennen in der Formel 1, das Angebot der örtlichen Sportvereine, die besten Jogging-Wege in der Stadt.
- Medien und Technik: die neue Casting-Show, die besten Musik-Downloads, die neue Staffel der Lieblingsserie, die angesagtesten

Mode-Portale im Internet, das super Design der neuen Smartphones, preisgünstige Autos.

- Kultur: das Rockkonzert vom vergangenen Wochenende, die Oscar-Verleihung, die aktuellen Kino-Blockbuster, die angesagtesten Mangas, die neuesten Trendzeitschriften.
- Lifestyle: die neue Mode im Herbst, die neuesten Fitness- und Diättrends, der jüngste Promiklatsch, die besten Shoppingtipps.

... und natürlich das Wetter: gestern, heute, morgen, im Urlaub, im letzten Winter, im nächsten Sommer :-))

Daneben sollte man allerdings auch die Themen kennen, die man beim Small Talk lieber vermeiden sollte.

Vorsicht bei Themen, die sich nicht für den Small Talk eignen

Für den Small Talk ungeeignet sind Themen,

- die ein hohes Spezialwissen zu einem bestimmten Thema voraussetzen.
- die sehr kompliziert sind und die man deswegen nicht in wenigen Minuten behandeln kann.
- bei denen die Privatsphäre der Gesprächspartner berührt wird.
- die einem die Stimmung vermiesen.

Darüber sollten Sie beim Small Talk nicht sprechen

- Tod: in der Familie, im Freundeskreis, bei Haustieren.
- Krankheit: die letzte Grippe, aktuelle Beschwerden, eigene chronische Krankheiten, der letzte Krankenhausaufenthalt.
- Geld: Was man selbst gerade verdient, was die Kollegin verdient, was der Kollege für Abzüge beim Gehalt hat, die große Erbschaft,

das reiche Elternhaus, die momentane Ebbe auf dem Konto, die Kosten für den aufgenommenen Kredit.

- Politik: die eigene Wahlentscheidung bei der Bundestagswahl, die Mitgliedschaft in einer Partei, die eigene politische Überzeugung.
- Religion und Ethik: die Konfessionszugehörigkeit, die Arbeit der Kirche, die Problematik eines Schwangerschaftsabbruchs, Gewissenskonflikte bei Sterbehilfe, die Todesstrafe in den USA, die Schwierigkeiten von ethnischen Minderheiten.
- Sexualität: die eigene sexuelle Orientierung, Pornografie, aktuelle Erlebnisse, besondere Vorlieben, Geschlechtskrankheiten.
- Witze und Tratsch: über Anwesende, über Abwesende, über ausländische Mitbürgerinnen und Mitbürger, über Angehörige religiöser Minderheiten, über körperlich oder geistig behinderte Menschen, über Schwule und Lesben.

Natürlich bieten die meisten der genannten Themen durchaus interessanten Gesprächsstoff – aber eben nicht für den Small Talk im Beruf. Der Grund dafür: Mit politischen, sehr persönlichen oder umstrittenen Themen kann man andere schnell kränken oder verärgern bzw. sogar eine heftige Diskussion auslösen.

Achtung Fettnapf: Unpassende Small-Talk-Themen und ihre Folgen

- Das Gespräch über Todesfälle trägt selten zu einer guten Stimmung bei. Es kann sogar passieren, dass jemand in Tränen ausbricht, weil gerade ein naher Verwandter gestorben ist.
- Gespräche über Krankheiten und ihre Auswirkungen können bei Gesprächspartnern Angstgefühle wecken.
- Die meisten Menschen ekeln sich, wenn beim Essen über unappetitliche Themen wie Ungeziefer, Schmutz, Blut oder Ähnliches gesprochen wird.
- Das Thema Gehalt kann leicht zu Neid bei anderen führen.

- Wenn über eine politische Situation ein hitziges Streitgespräch entstanden ist, dann findet man nur schwer wieder zu einem entspannten Ton zurück.
- Witze werden oft auf Kosten einer bestimmten Bevölkerungsgruppe gemacht und können Gesprächspartner verletzen.

Wenn man sich über die genannten Themen unterhält, besteht die Gefahr, gründlich ins Fettnäpfchen zu treten – gerade dann, wenn man seine Gesprächspartner nicht sehr gut kennt. Vermeiden Sie diese Themen also am besten – dann sind Sie auf der sicheren Seite. Achten Sie außerdem immer darauf, ob jemand auf bestimmte Fragen gar nicht oder nur zögernd antwortet. Das bedeutet meistens, dass diese Person nicht über ein bestimmtes Thema sprechen will. Wenn Sie dies beobachten, wechseln Sie das Gesprächsthema – es gibt ja schließlich genügend andere Themen, über die man sich unterhalten kann.

Welche Körpersignale spielen beim Small Talk eine Rolle?

Damit sich alle gern am Gespräch beteiligen, sollten sich alle wohlfühlen. Zu einer angenehmen Stimmung trägt nicht nur bei, was Sie sagen, sondern auch, was Sie mit Ihrer Körpersprache ausdrücken.

Warum sollte man auf einen passenden Körperabstand achten?

Sie haben das bestimmt schon erlebt: Wenn andere einem auf die Pelle rücken, fühlt man sich schnell bedrängt und geht auf Distanz. Keine gute Voraussetzung für ein entspanntes Gespräch! Dabei ist dies ja meistens gar nicht böse gemeint. Gerade wenn man sich sympathisch ist und das Gespräch witzig und unterhaltsam verläuft, dann besteht die Gefahr, dass Menschen schnell zu vertraulich werden. Typisch hierfür: Berührungen an Arm oder Schulter. Diese Gesten der Vertrautheit sind nur bei Freunden, Verwandten oder befreundeten Kollegen oder Geschäftspartnern passend. Bei neuen Kontakten – besonders im beruflichen Umfeld – wirkt dieses Verhalten plump und ungehobelt. Ganz wichtig also: den richtigen Körperabstand zu den anderen einnehmen und während des Gespräches beibehalten. In Mitteleuropa wird beim Small Talk übrigens ein Abstand von mindestens 50 cm als angenehm empfunden, einen geringeren Abstand sollten Sie wirklich nur bei Freunden und im Privatleben einnehmen.

Welches Verhalten signalisiert Unaufmerksamkeit?

Wer ständig nach anderen Gesprächspartnern Ausschau hält und die Blicke während des Gesprächs schweifen lässt, handelt unhöflich und signalisiert dem Gesprächspartner: *Das Gespräch mit Ihnen langweilt mich. Sobald ich einen interessanteren Gesprächspartner entdeckt habe, bin ich weg.*

Hierzu gehört auch das Verschicken, Empfangen und Lesen von SMS oder WhatsApp-Nachrichten während des Gesprächs. Damit drückt man aus: *Schauen Sie mal, wie gefragt ich bin. Was ich da versende oder empfange, duldet keinen Aufschub.* Und darüber freut sich niemand.

Was hat es mit Verlegenheitsgesten auf sich?

Die meisten Menschen nutzen verschiedene Verlegenheitsgesten, mit denen sie ihre Unsicherheit (unbewusst) überspielen möchten. Leider ist das Gegenteil der Fall, diese Gesten offenbaren nämlich nur allzu deutlich, wie nervös man ist. Versuchen Sie, sich bei der nächsten Gelegenheit einmal selbst zu beobachten. Die folgende Aufzählung hilft Ihnen dabei. Jede Verlegenheitsgeste, die Sie so aufspüren, können Sie sich von heute an bewusst abgewöhnen.

Die häufigsten Verlegenheitsgesten:

- Unruhig mit Schreibgeräten, Handy, Brille oder Feuerzeug herumfummeln
- Mit Servietten, Zuckerbriefchen, Kerzenwachs herumspielen, Brot zerbröseln
- Besteck neu ausrichten, mit dem Messer Muster in die Tischdecke gravieren, Trinkgläser hin- und herrücken

- Geräuschvoll mit Kleingeld oder Schlüsseln in der Hosen- oder Jackentasche klimpern
- Mit den Füßen wippen, mit den Fingern auf die Tischplatte trommeln
- Ständiges Räuspern oder Hüsteln
- Sich an die Nase fassen, die eigenen Ohren berühren
- Häufig an den Haaren herumzupfen, am Haarschmuck herumnesteln
- Hose oder Rock ständig glatt streichen, Hemdkragen lockern, an der Krawatte herumfummeln
- Armbanduhr bewegen, ständig auf die Uhr sehen
- Immer wieder auf das Display des Handys gucken

Natürlich bedeutet das nicht, dass Sie während des Gesprächs dastehen sollen, als hätten Sie einen Spazierstock verschluckt oder dass Sie bewegungslos am Tisch sitzen. Versuchen Sie einfach, Ihre eigenen Angewohnheiten zu beobachten. Was Sie selbst überhaupt nicht mehr bemerken, kann andere ziemlich nerven. Oder empfinden Sie Menschen als angenehm, die ständig Ihren Kugelschreiber ein- und ausknipsen? Vielleicht kommen bei Ihnen auch Verlegenheitsgesten vor, die eigentlich nur eine dumme Angewohnheit sind. Ihre Gesprächspartner könnten sie allerdings als Zeichen von Nervosität und Unsicherheit interpretieren. Und das wollen Sie doch gerade vermeiden, oder?

Wie findet man die passenden Gesprächspartner?

Für den ungeübten Small Talker ist der Anschluss an eine größere Gruppe in der Regel die sicherste und flexibelste Variante. Hier können Sie sich zunächst dazustellen und zuhören und sich dann nach und nach in das Gespräch einklinken, wenn Ihnen das Thema liegt. Größere Gruppen ab fünf Personen haben den Vorteil, dass sie in der Regel gemischt zusammengesetzt sind. Damit ist für Abwechslung gesorgt. Sie können sich auch wieder unauffällig entfernen, ohne dass Sie eine oder mehrere Personen dadurch vor den Kopf stoßen.

Die Alternative: Eine Einzelperson aufspüren, die Sie sympathisch finden. Gehen Sie davon aus, dass jede einzelne Person sich freut, wenn sie wahrgenommen wird und sich jemand um sie kümmert. Und sei es nur, in dem man ein paar freundliche Worte mit ihr wechselt. Außerdem trainieren Sie Small Talk am besten, wenn Sie sich dabei nur auf eine Person konzentrieren.

Vorsicht bei Zweiergrüppchen! Diese Gesprächssituation sollten Sie lieber meiden, wenn Sie mit den Gesprächspartnern nicht auf freundschaftlichem Fuß stehen. Häufig halten sich zwei Personen bewusst etwas abseits, weil sie sich gegenwärtig lieber allein unterhalten möchten. Wer als dritte Person dazukommt, riskiert es, abzublitzen, weil die anderen das Verhalten als unsensibel und aufdringlich empfinden.

Sich vor dem Small Talk vorstellen

Der Einstieg in den Small Talk hängt davon ab, ob es sich um eine Ihnen bekannte Person handelt – oder ob der Gesprächspartner Sie noch nicht kennt. Im letzten Fall ist die Vorstellung der eigenen Person gut geeignet, um das Gespräch zu beginnen. Sachliche und berufsbezogene Informationen zu Ihrer Person eignen sich nämlich prima als Einstieg in den Small Talk, da diese dem anderen Anknüpfungspunkte bieten, um das Gespräch in Gang zu halten.

Lassen Sie Ihre Gesprächspartner nicht im Unklaren darüber, mit wem sie es zu tun haben. Nennen Sie Ihren vollständigen Namen, erst den Vornamen und dann den Nachnamen. Verwenden Sie keine Spitznamen oder Abkürzungen. Diese sind für Freunde und Familie „reserviert“. Im Beruf wirken sie einfach zu privat und distanzlos. Das kommt einem als Azubi vielleicht übertrieben vor – es entspricht allerdings den Erwartungen der Personen, denen Sie im Beruf begegnen. Wer hier zu lässig auftritt, kommt unhöflich und unprofessionell rüber.

So nutzen Sie die Vorstellung zum Einstieg in den Small Talk:

„Ich darf mich kurz vorstellen? Mein Name ist Andreas Böhme. Ich bin der neue Azubi und seit 1. September im Betrieb."

„Guten Abend, zusammen! Ich bin Sophia Wischnewski, die neue Auszubildende aus der EDV-Abteilung. Wenn Sie also Probleme mit Ihrer Textverarbeitung haben, können Sie mich gerne anrufen."

„Ich glaube, wir kennen uns noch nicht, ich war nämlich die letzten beiden Wochen in Urlaub. Mein Name ist Bastian Schneider und ich mache gerade meinen Ausbildungsabschnitt im Warenversand."

„Mein Name ist Lara Parente. Ich arbeite als Auszubildende in der Werbeabteilung und habe an der Organisation der heutigen Veranstaltung mitgewirkt. Ich hoffe, Sie fühlen sich wohl bei uns?"

Auch im Umgang mit Personen, die man kennt, wird erwartet, dass man je nach Situation in der Lage ist, einen Small Talk zu führen – mit Kolleginnen und Kollegen, mit Vorgesetzten, mit Kunden oder Lieferanten. Bei diesen Personen braucht man sich selbstverständlich nicht mehr vorstellen, also muss ein anderer Gesprächsstart her.

Wie man sonst noch mit dem Small Talk starten kann

In den Small Talk kann man mit einer Frage oder mit einer spontanen Bemerkung einsteigen. Allerdings kommt es darauf an, wie die Frage formuliert wird, denn die Frage soll ja die andere Person ins Gespräch ziehen und nicht die Unterhaltung ausbremsen – wie dies beispielsweise durch einer geschlossene Frage geschieht:

Geschlossene Fragen
„Arbeiten Sie schon lange hier?"
„Hat Ihnen der Vortrag gefallen?"
„Essen Sie auch gerne Käse?"

Wirkung:
Diese Fragen kann man nur mit Ja oder Nein oder unbestimmten Begriffen wie vielleicht, immer, oft, selten usw. beantworten. So ähnelt das Gespräch einem einseitigen Frage-und-Antwort-Spiel.

Empfehlung:
Geschlossene Fragen eher vermeiden, da ein Gespräch auf diese Weise nur schwer in Gang kommt und sich nicht so leicht weiterentwickeln kann.

Besser geeignet sind offene Fragen, wie die folgenden Beispiele zeigen:

Offene Fragen
„Wie sind Sie denn bei diesem Wetter zur Arbeit gekommen?"
„Was ich Sie immer schon mal fragen wollte: Wie haben Sie sich denn in der neuen Wohnung eingelebt?"
„Welches Kantinenmenü nehmen Sie denn heute?"

Wirkung:
Mit offenen Fragen wird das Thema direkt angesprochen. Dabei wird dem Angesprochenen aber genügend Spielraum bei der Antwort gelassen. Der Fragende erhält konkrete Informationen. Das gezeigte Interesse kann den Gefragten allerdings auch zu weitschweifigen Ausführungen verleiten.

Empfehlung:
Mit dieser Fragetechnik erfährt man viel über seinen Gesprächspartner, ohne in ein aufdringliches Ausfragen zu geraten. Offene Fragen bringen ein Gespräch in Gang und halten es in Bewegung.

Wem keine entsprechende Frage einfällt, der kann mit einer Einstiegsbemerkung starten und damit die Gesprächsbereitschaft der anderen Person austesten:

Spontane Einstiegsbemerkungen
„Ist ja ein super Wetter heute!"
„Das sieht aber lecker aus!"
„Sie haben ja einen süßen Hund!"

Wirkung:
Eine solche spontane Einstiegsbemerkung kann das Eis brechen und fördert eine lockere Gesprächsatmosphäre. Dabei wirkt die Einstiegsbemerkung nicht so direkt und „ausfragend" wie die offene Frage, sondern sie bietet dem Gesprächspartner viele Reaktionsmöglichkeiten: von einem bloßen Lächeln oder Kopfnicken bis hin zu einer Bemerkung oder einer Frage.

Empfehlung:
Mit dieser Einstiegsvariante kommt man einfach ins Gespräch. Und man lässt der angesprochenen Person die Wahl, ob sie sich auf das Gespräch einlassen möchte oder eher nicht.

Wie man den Small Talk am Laufen hält

Der Anfang ist gemacht. Jetzt kommt es darauf an, sich entspannt durch die verschiedenen Themen des Small Talks zu bewegen und sich gegenseitig „die Bälle zuzuspielen". Die folgenden Tipps helfen Ihnen dabei:

Die Top Five des Small Talks

- Gute Laune durch Lächeln vermitteln.
- Offen und unvoreingenommen auf die Gesprächspartner zugehen.
- Interesse an anderen vermitteln durch Zuwendung und konzentriertes Hinhören.

- Verschiedene Themen kurz ansprechen, um Gemeinsamkeiten zu finden und die besonderen Vorlieben oder Stärken des Gesprächspartners in Erfahrung zu bringen.
- Blickkontakt halten.

So lieber nicht

- Sich nicht ausführlich an seinen Lieblingsthemen festbeißen! Man wird dabei schnell zu ernst, zu leidenschaftlich, zu engagiert.
- Niemanden von etwas überzeugen wollen oder ihm etwas „aufschwatzen".
- Keine belehrenden oder besserwisserischen Aussagen verwenden.

Small-Talk-Ping-Pong für Fortgeschrittene

Von ein und derselben Gesprächseröffnung durch eine Bemerkung oder Frage zweigen immer zahlreiche Wege ab. Diese können von einem Thema zum nächsten und übernächsten führen, wie Perlen auf einer Schnur. Die nachfolgenden Beispiele veranschaulichen, wie sich ein Gesprächsfaden bei geübten Small Talkern weiterspinnt – und wie Small Talk Spaß machen kann, weil das Gespräch abwechslungsreich und unterhaltsam ist. Zwei Personen lenken von ein und demselben Gesprächsbeginn den Gesprächsfaden in drei unterschiedliche Richtungen. Dazu kommen auf den nächsten Seiten drei Beispiele.

Alle drei Beispiele beginnen mit dem Satz:
„Der Krabbensalat sieht aber gut aus, wo gibt's den denn?"

Variante 1:

„Der Krabbensalat sieht aber gut aus, wo gibt's den denn?"

„Nicht wahr, der sieht vielversprechend aus. Die Schüssel steht direkt neben den italienischen Antipasti."

„Italienisches Essen schmeckt mir auch gut. Fisch mag ich besonders, vor allem wenn er in dieser Salzkruste gebacken wird."

„Stimmt, das ist einfach himmlisch! Und auch noch gesund. Nehmen Sie zum Beispiel die Eskimos: Ernähren sich hauptsächlich von fetten Fischsorten und haben einen niedrigeren Cholesterinspiegel als die meisten von uns."

„Sie kennen sich aber gut aus. Ist das rein privat oder haben Sie beruflich damit zu tun?"

„Eigentlich so halb und halb. Ich arbeite in der Lifestyleredaktion einer Modezeitschrift. Da muss man bei solchen Themen immer auf dem Laufenden sein. Außerdem bin ich leidenschaftliche Joggerin und da will ich natürlich fit bleiben."

„Ich treibe auch Sport. Ich spiele Tennis im DTV 1871. Sagt Ihnen der Verein etwas?"

„Das ist aber ein Zufall. Mein Mann trainiert dort die Jugendmannschaft. Haben Sie schon gehört, dass …

Variante 2:

„Der Krabbensalat sieht aber gut aus, wo gibt's den denn?"

„Nicht wahr, der sieht vielversprechend aus. Die Schüssel steht direkt neben den italienischen Antipasti. Die habe ich schon probiert. Schmecken genauso wie bei meinem Lieblingsitaliener."

„Verraten Sie mir den? Das wäre wirklich meine Rettung. Wissen Sie, ich bin gerade erst hergezogen und kenne mich hier noch nicht so richtig aus."

„Aber selbstverständlich: Das Lokal heißt Da Mariello und befindet sich in der Leibnitzstraße. Es ist so was wie unser zweites Wohnzimmer."

„Das ist ja ein Zufall! Ich wohne gar nicht weit weg davon, in der Kolpingstraße."

„Schöne Gegend. Da habe ich vor Jahren auch einmal gewohnt. Viele junge Leute leben dort, weil die Uni ganz in der Nähe ist."

„Ja, das gefällt mir auch daran. In meinem Haus wohnen fast nur Leute in meinem Alter. Meine direkten Nachbarn haben sogar einen Hund, einen Scotch-Terrier. Mit dem war ich auch schon mal spazieren, als meine Nachbarin letzte Woche mit Grippe im Bett lag."

„Wir haben auch einen Hund. Einen Mops. Schon ein etwas betagter Herr, aber immer noch fit. Er heißt Max."

„Ach, da fällt mir ein ..."

Variante 3:

„Der Krabbensalat sieht aber gut aus, wo gibt's den denn?"

„Nicht wahr, der sieht vielversprechend aus. Aber die Lachsröllchen sind noch besser!"

„Ja, die habe ich auch gesehen – das muss ja eine Heidenarbeit gewesen sein, die so kunstvoll aufzuwickeln."

„Ich kann mir nicht helfen, aber irgendwie erinnern mich diese Spiralen an den Plasmastrom im Warp-Antrieb des Raumschiffs Enterprise."

„Ja genau, da haben Sie recht. Ich schaue mir auch gerne alte Science-Fiction-Serien an. Einfach faszinierend – um Mr. Spock zu zitieren. Haben Sie schon einmal etwas über die Schwarzen Löcher gehört?"

„Ehrlich gesagt, habe ich ein solches Loch gerade im Magen. Wollen wir uns gemeinsam über die Warp-Lachs-Röllchen hermachen?"

„Sehr gerne, wissen Sie übrigens, dass Steven Spielberg einmal gesagt haben soll ..."

Welche Vorteile bringt es, wenn man zuhört?

Selbst reden ist gut. Richtig zuhören auch. Zuhören ist keine passive Haltung, sondern eine aktive Beschäftigung. Wer gut zuhören kann, beugt Missverständnissen vor und signalisiert sein Interesse an seinem Gegenüber. Dies trägt zu einer gelungenen Kommunikation bei. Damit tun sich besonders Menschen schwer, die sich selbst als den Nabel der Welt betrachten, denn beim Zuhören steht der Gesprächspartner im Mittelpunkt – und nicht man selbst.

Gutes Zuhören kann man trainieren. Voraussetzung: Geduld und Konzentration. Das so genannte „Aktive Zuhören" zeichnet sich dadurch aus, dass Sie sich aufmerksam gegenüber Ihrem Gesprächspartner verhalten, in dem Sie ihn zum Beispiel ausreden lassen und nicht dauernd unterbrechen. Konzentrieren Sie sich beim Gespräch auf Ihren Gesprächspartner, auch unter erschwerten Bedingungen – beispielsweise wenn dessen Redefluss kaum zu stoppen ist.

Zuhören ist nicht gleichbedeutend mit schweigen. Ein guter Zuhörer fasst immer wieder das Gehörte noch einmal mit eigenen Worten zusammen. Dies führt beide Gesprächspartner auf den Kern des Gesagten zurück und verhindert Weitschweifigkeit. Wer auf diese Weise ausdrückt, dass er sich mit dem Gehörten auseinandergesetzt hat, sammelt Sympathien beim Gegenüber und schafft eine gute Gesprächsatmosphäre. Am besten so häufig wie möglich offene Fragen an die Zusammenfassung anschließen. So bringen Sie immer wieder neue Aspekte ein und beleben das Gespräch.

Die Vorteile des konzentrierten Zuhörens

- Informationsaustausch: Meinungen, Fakten, Gefühle, Wünsche, Interessen werden vermittelt.
- Aufmerksamkeit: Der Gesprächspartner spürt das Interesse an seiner Person.
- Sympathie: Aktives Zuhören schafft beim Gegenüber positive Gefühle für den Gesprächspartner.

Wie beendet man den Small Talk?

Alles geht einmal zu Ende – auch der Small Talk. So wie die Aufwärmphase den Einstieg in den Small Talk bildet, gibt es auch Regeln für das Beenden des Gesprächs. Die Gründe, warum Sie das Gespräch beenden möchten, können sehr vielfältig sein – je nach Situation und eigener Befindlichkeit. In jedem Fall gilt: Beenden Sie den Small Talk höflich, aber eindeutig. Einige typische Situationen dafür sind:

- Aufbruch: Sie wollen sich verabschieden, weil Sie gehen möchten oder einen anderen Termin haben. Sagen Sie dies klipp und klar und reden Sie nicht darum herum. Sonst könnten Ihre Gesprächspartner glauben, Sie langweilen sich mit Ihnen und suchen nur nach einer Ausrede, um hier wegzukommen.
- Ortswechsel: Sie haben Hunger oder Durst und möchten ans Büfett. Sie wollen die Gesprächsrunde wechseln, um noch weitere Menschen kennenzulernen oder auch weil Sie das Gesprächsthema oder/und die Gesprächsteilnehmer langweilen. Bedanken Sie sich für das nette Gespräch und wünschen Sie je nach Situation noch einen schönen Nachmittag / einen guten Abend / einen angenehmen Aufenthalt / einen unterhaltsamen Vortrag / ein erholsames Wochenende / eine gute Heimreise.
- Menschliche Bedürfnisse: Sie müssen dringend auf die Toilette. Bitten Sie um eine kurze Gesprächspause, gehen Sie in den Waschraum, kommen Sie zurück und nehmen Sie den Gesprächsfaden wieder auf. So können Sie die Gesprächsunterbrechung ankündigen:

„Ich bin gleich wieder zurück. Dann können wir weiterreden ..."

„Würden Sie mich für einen Moment entschuldigen? Ich bin gleich wieder da ..."

„Ich muss mal kurz verschwinden. Danach stehe ich Ihnen sofort wieder zur Verfügung ..."

Welche Rolle spielt Small Talk zur Vorbereitung von ernsten Gesprächen?

Small Talk spielt auch eine wichtige Rolle zur Einleitung von wichtigen und ernsten Gesprächen. Besonders bei Gesprächen mit Ihren Vorgesetzten können Sie beobachten, wie diese Small Talk gezielt einsetzen. Wahrscheinlich sind Sie selbst bei solchen Gesprächen mit Ihren Gedanken schon beim eigentlichen Inhalt und auch entsprechend nervös, zum Beispiel bei einem Beurteilungsgespräch. Versuchen Sie dennoch, nach außen relativ gelassen zu wirken. Fallen Sie nicht vor lauter Nervosität mit der Tür ins Haus. Gehen Sie auf den Small Talk Ihres Vorgesetzten ein und nutzen Sie Ihrerseits die Chance, ein positives Gesprächsklima zu schaffen. Wie Sie sich in dieser Einstiegssituation verhalten, beeinflusst den weiteren Gesprächsverlauf stärker, als Sie denken – sowohl positiv als auch negativ. So sind einfach die Spielregeln. Also spielen Sie mit.

Diese Gesprächstechnik haben Sie bestimmt bei Ihren Vorstellungsgesprächen schon erlebt. Das klingt dann beispielsweise so:

> „Haben Sie gut hergefunden?"
> „Wie war Ihre Anreise?"
> „Hat es bei Ihnen auch so geregnet?"

Es gibt eine Reihe von Gelegenheiten, bei denen Sie mit dem einleitenden Small Talk Ihres Gesprächspartners konfrontiert werden – so ernst der eigentliche Gesprächsanlass auch sein mag, zum Beispiel:

- Gehaltsverhandlungen
- Konflikte mit Kolleginnen und Kollegen
- Ende der Probezeit
- Versetzung in eine andere Abteilung
- Gesundheitliche Probleme

Wie schaffen Sie den Übergang zum ernsten Gespräch?

Geübte Small Talker signalisieren Ihrem Gesprächspartner, wann die Small-Talk-Phase endet und das „eigentliche" Gespräch beginnt. Falls Ihr Vorgesetzter das Gespräch angesetzt hat, wird er den Gesprächsverlauf steuern. Damit gibt er Ihnen die Möglichkeit, den Wechsel vom Small Talk zum ernsten Gespräch mit zu vollziehen. Der Hintergrund: So gibt es später keine Missverständnisse über die Bedeutung des Gesprächs. Folgende Sätze sind Beispiele, wie ein solcher Wechsel eingeleitet wird:

> „Eigentlich gibt es ja einen ganz anderen Grund für unser Gespräch, wie Sie sich vielleicht denken können ..."
>
> „Sie können sich sicher vorstellen, dass ich noch etwas anderes mit Ihnen klären möchte, und zwar ..."
>
> „Kommen wir nun zum eigentlichen Grund unseres Gesprächs ..."
>
> „Vielen Dank, dass Sie sich Zeit genommen haben. Ich möchte gerne mit Ihnen über Folgendes sprechen ..."

Wenn Sie diese oder ähnliche Sätze hören, gilt erhöhte Aufmerksamkeit. Das Warm-up ist vorbei und das eigentliche, ernste Gespräch beginnt.

Wenn ein Themenwechsel angesagt ist

Beim Small Talk geht es nicht darum, ein bestimmtes Thema tiefschürfend zu behandeln. Vielmehr bewegt man sich an der Oberfläche von Thema zu Thema. Das strengt nicht an und man kann den Small Talk so auch jederzeit abbrechen oder beenden. Allerdings kann es auch notwendig werden, das aktuelle Gesprächsthema zu wechseln – beispielsweise wenn Ihr Gesprächspartner ein Thema anschneidet, über das Sie (auch speziell mit dieser Person) nicht sprechen möchten (siehe ungeeignete Small-Talk-Themen, S. 72). Themenwechsel ist also angesagt. Leicht gesagt, denken Sie vielleicht, das merkt der andere doch. Nicht unbedingt, wenn Sie den Übergang möglichst elegant formulieren.

Hierzu ein paar Beispiele:

„Da fällt mir folgendes Erlebnis ein, nämlich ..."

„Das wird Sie jetzt vielleicht überraschen, aber ..."

„Übrigens, haben Sie eigentlich schon gehört, dass ..."

„Das bringt mich auf die folgende Idee ..."

„Im Moment fällt mir ein, was ich Ihnen noch erzählen wollte ..."

„Hört sich gut an. Aber haben Sie schon mitbekommen, dass ..."

Welcher Small-Talk-Typ sind Sie?

Möglicherweise haben Sie nun den Eindruck gewonnen, dass beim Thema Small Talk temperamentvolle und selbstbewusste Menschen immer die Nase vorn haben und dass die eher Schüchternen ständig gegen ihre Zurückhaltung ankämpfen sollten. Die Frage lautet also: Beim Small Talk lieber zurückhaltend oder eher selbstbewusst vorgehen? Die Antwort lautet: Das hängt ganz allein von Ihnen ab.

Aufmunterung für Schüchterne

Sehen Sie Schüchternheit nicht als Schwäche an, sondern entdecken Sie Ihre Stärken. Schüchterne Menschen sind sensibel, können gut zuhören und sind interessierte Gesprächspartnerinnen oder Gesprächspartner. Dies sind genauso gute Voraussetzungen für einen gekonnten

Small Talk wie das Selbstbewusstsein der Siegertypen, die mit ihrer Art schnell im Mittelpunkt stehen. Versuchen Sie also nicht, besonders schlagfertig und originell zu sein. Überlassen Sie dies lieber den Naturtalenten. Wenn Sie sich in Gegenwart von unbekannten Personen unsicher fühlen, denken Sie daran: Den meisten Menschen in Ihrer Situation geht es ähnlich, auch wenn sie es nicht zugeben möchten. Melden Sie sich in Gesprächsrunden mindestens einmal zu Wort, auch wenn es nur eine kurze Bemerkung ist. Immerhin hat die Beteiligung am Gespräch den Effekt, dass Sie dadurch mit dazugehören. Und es ist eine gute Übungsgelegenheit.

Akzeptieren Sie Ihre Schüchternheit. Bereiten Sie zum Beispiel einige Standardsätze für Gesprächseröffnungen vor. So bekommen Sie von Mal zu Mal mehr Sicherheit.

„Sind Sie auch zum ersten Mal hier? Den Hinweis zu dieser Veranstaltung habe ich aus der Mitarbeiterzeitung / von einem Kollegen / aus dem Intranet."

„Bei diesem Wetter freut man sich wirklich, ins Warme / ins Trockene / ins Kühle zu kommen, finden Sie nicht?"

„Heute ist ja wieder schwer was los auf der Autobahn. Standen Sie auch beim Autobahnkreuz im Stau?"

„Das Büfett sieht ja wirklich appetitlich aus. Was können Sie mir denn empfehlen?"

Warnung für Selbstbewusste

Lassen Sie nicht zu, dass Ihr Temperament mit Ihnen durchgeht. Dies gilt im positiven wie im negativen Sinn. Zügeln Sie Ihr Temperament, auch wenn Sie sich eigentlich für einen ganz tollen Typen oder eine super Moderatorin halten. Bremsen Sie Ihr Mitteilungsbedürfnis und lassen Sie ruhig auch einmal andere zu Wort kommen – auch wenn diese ihre Geschichten nicht halb so amüsant zum Besten geben können wie Sie. Nicht nur Ihre Entertainer-Qualitäten sprechen für Sie – auch Ihre Toleranz gegenüber Gesprächspartnerinnen und Gesprächspartnern tut dies.

Praxistest Small Talk

Testen Sie hier Ihre Small-Talk-Kompetenz! Beantworten Sie die folgenden Fragen, um Ihr neu erworbenes Small-Talk-Wissen anzuwenden. Die Fragen schildern alltägliche Situationen, in denen Sie mit gekonntem Small Talk positiv auffallen können. Die Auflösungen mit Erläuterungen gibt's ab Seite 95.

Frage 1
Sie sind mit Ihrer Chefin im Auto zu einem Kundentermin unterwegs – eine klassische Small-Talk-Situation. Welches Thema eignet sich am besten hierfür?

A ☑ Die Vorteile und Nachteile von modernen Navigationssystemen.

B ☐ Die kommende Landtagswahl.

C ☐ Aktuelle Umsatzrückgänge des Unternehmens.

Frage 2
Bei einer Betriebsfeier ist die Gesprächsrunde ins Stocken geraten. Mit welchen Bemerkungen bringen Sie den Small Talk wieder in Gang?

A ☐ Sind Sie auch mit dem Auto hier?

B ☑ Welchen Kinofilm würden Sie mir denn für das kommende Wochenende empfehlen?

C ☐ Was ich Sie schon länger mal fragen wollte: Wie haben Sie denn Ihre schwere Grippe von letzter Woche so schnell überwunden?

Frage 3
Ist es für den Small Talk wichtig, über das aktuelle Zeitgeschehen informiert zu sein?

- **A** ☐ Eher nicht. Es geht doch dabei sowieso nur um oberflächliche Themen.
- **B** ☑ Informiert zu sein, hilft schon weiter. So kann man zu vielen Themen einen Gesprächsbeitrag beisteuern.
- **C** ☐ Nein. Politische Themen soll man doch eh nicht anschneiden.

Frage 4
Ihr Gegenüber weicht Ihrem Blick aus, während Sie sich unterhalten. Bedeutet das, er langweilt sich beim Gespräch mit Ihnen?

- **A** ☐ Ja, er hält nach interessanteren Gesprächspartnern Ausschau.
- **B** ☐ Nein. Er ist einfach schüchtern und unsicher.
- **C** ☑ Das kann beides bedeuten.

Frage 5
Der Small Talk ist beim Thema „Golfen“ angelangt, was Sie sterbenslangweilig finden. Wie leiten Sie einen eleganten Themenwechsel ein?

- **A** ☐ Ich schaue demonstrativ auf die Uhr. Dann werden die andern schon kapieren, was los ist.
- **B** ☐ Ich sage direkt, dass ich lieber über etwas anderes reden möchte, und mache einen konkreten Vorschlag.
- **C** ☑ Ich überlege mir eine geschickte Überleitung zu einem anderen Thema.

Frage 6
Wie verhalten Sie sich, wenn Ihnen Ihr Gesprächspartner immer mehr auf die Pelle rückt?

- **A** ☑ Ich trete ein Stück zurück.
- **B** ☐ Ich sage, dass mich das stört, und weiche zurück.
- **C** ☐ Ich rücke auch näher auf ihn zu.

Frage 7
Was tun Sie, wenn während des Small Talks auf einmal ein Thema aufkommt, von dem Sie keinen blassen Schimmer haben?

- **A** ☐ Ich habe Angst, mich zu blamieren, und verschwinde wortlos.
- **B** ☐ Kein Problem. Ich versuche trotzdem mitzureden. Die anderen haben sicher auch nicht so viel Ahnung davon.
- **C** ☑ Ich höre zu und frage nach, wenn ich etwas nicht verstehe.

Frage 8
Stellen Sie sich vor, Sie sprechen als Bayerin einen ausgeprägten Akzent und bewerben sich in Düsseldorf um eine neue Stelle. Wie verhalten Sie sich beim Vorstellungsgespräch?

- **A** ☐ Es kostet mich eine enorme Anstrengung, aber ich bemühe mich, akzentfreies Hochdeutsch zu sprechen, um einen guten Eindruck zu hinterlassen.
- **B** ☐ Ich spreche so wie immer. Ich muss mich doch wegen meiner Sprache nicht verbiegen, oder?
- **C** ☑ Ich bemühe mich, so zu reden, dass es keine Missverständnisse gibt. Meine bayerische Herkunft kann man meiner Sprache aber durchaus anmerken.

Frage 9
Bei einer Betriebsfeier werden Sie der Ehefrau Ihres Chefs vorgestellt. Was sagen Sie nach der Begrüßung?

- A ☑ Ich frage sie, was sie beruflich so tut.
- B ☐ Ich lobe das köstliche und abwechslungsreiche Büfett.
- C ☐ Ich spreche über das gute Betriebsklima und die netten Kollegen.

Frage 10
Wie zeigen Sie Ihrem Gegenüber, dass Sie das Gesagte mit Interesse verfolgen?

- A ☐ Durch ständiges Kopfnicken.
- B ☐ Indem ich ständig Blickkontakt halte.
- C ☑ Indem ich weiterführende Fragen stelle.

Auflösungen zum Praxistest

Frage 1
Empfehlenswert ist 1 A, denn so können Sie auf unverfängliche Weise ein Gespräch in Gang halten, das zur Situation (Autofahren) passt. Bei politischen Themen (1 B) kann in der engen Raumsituation eines Autos leicht eine Missstimmung aufkommen. Firmenpolitische Grundsatzfragen (1 C) sollten nicht nebenbei auf der Autobahn diskutiert werden.

Frage 2
Eine elegante Überleitung ist 2 B, denn da kann jeder etwas dazu sagen, entweder direkt einen Film empfehlen oder erzählen, dass er schon lange nicht mehr im Kino war oder welchen Film er gerade auf DVD angeschaut hat. Mit der geschlossenen Frage 2 A erhalten Sie wahrscheinlich nur die Antwort „Ja“ oder „Nein“, und dann stockt das Gespräch wieder. Und mit 2 C riskieren Sie eine detailreiche Krankheitsschilderung, die einige der Anwesenden gerade gar nicht hören wollen.

Frage 3
Mit 3 B erweitern Sie Ihr Allgemeinwissen und damit auch Ihren Vorrat an Themen, über die Sie sprechen können. Sie gewinnen von Mal zu Mal an Sicherheit, weil Sie damit einfach beim Small Talk mehr zu bieten haben – was dann auch Ihnen mehr Spaß bereitet. 3 A ist eine oberflächliche Sichtweise, die Sie nicht weiterbringt. Mit 3 C verwechseln Sie politische Themen (ungeeignet für Small Talk) und Zeitgeschehen (bietet zahlreiche Ansätze für Small Talk).

Frage 4
4 C lässt beide Deutungen zu. In dieser Lage ist es das Beste, den Verlauf des Gespräches weiter zu beobachten. Ist Ihr Gesprächspartner unsicher (4 B), bestärken Sie ihn positiv, indem Sie aktiv zuhören und mit Fragen nachhaken. Wenn sich allerdings der Eindruck verstärkt, dass Ihr Gesprächspartner unaufmerksam ist (4 A) und lieber mit

jemand anderem reden will, dann lassen Sie ihn ziehen – oder verabschieden Sie sich.

Frage 5
5 C hat den Vorteil, dass Sie das Gespräch allmählich wieder in die Richtung manövrieren können, die Ihnen lieber ist. Auf die Uhr schauen (5 A) ist unhöflich und kommt nicht gut an. Auch ein plötzlicher Themenwechsel (5 B), den Sie nur mit der eigenen Vorliebe begründen, wirkt egoistisch und unsympathisch.

Frage 6
6 A genügt, denn wenn Sie zurückweichen, hat Ihr Gegenüber die Chance, die eigene Distanzlosigkeit zu erkennen. Auf keinen Fall sollten Sie Ihren Widerwillen gleich auf überdeutliche Weise formulieren (6 B). Und ein Aufrücken Ihrerseits (6 C) macht die räumliche Nähe ja noch schlimmer.

Frage 7
7 C führt dazu, dass Sie höflich und interessiert bleiben und außerdem noch etwas dazulernen. Haben Sie keine Bedenken, sich durch Fragen zu blamieren, wie bei 7 A beschrieben. Niemand weiß über alles Bescheid. Vielmehr geben Sie Ihren Gesprächspartnern die Gelegenheit, sich in bestem Licht zu präsentieren, wenn Sie interessiert nachfragen. Vorsicht bei der Lösung 7 B: Wenn sich ein Mensch in der Runde befindet, der sich in diesem Thema auskennt, kann Ihr Unwissen leicht aufgedeckt werden.

Frage 8
8 C formuliert die passende Herangehensweise. Sie brauchen sich nicht zu verbiegen und Ihre sprachliche Herkunft nicht zu verleugnen, wie bei 8 A beschrieben. Allerdings gebietet es die Höflichkeit, Ihren Gesprächspartnern eine echte Chance zu geben, Sie auch akustisch zu verstehen. Deshalb ist 8 B auch nicht sehr entgegenkommend.

Frage 9

9 B ist eine diplomatische Gesprächseröffnung. Die Frage nach der beruflichen Situation (9 A) ist als Einstieg indiskret und kann einen komplizierten Sachverhalt oder ein Problem offenbaren, über das die Gesprächspartnerin sicher nicht mit Ihnen reden will. Auch das Betriebsklima (9 C) sollte nicht so nebenbei erörtert werden.

Frage 10

10 C ist empfehlenswert, denn durch weiterführende Fragen erreichen Sie mehr als durch bloßes Kopfnicken (10 A), das ja möglicherweise gar nicht zur Gesprächssituation passt. Auch ein dauerndes In-die-Augen-schauen (10 B) ist ermüdend für beide Gesprächspartner und kann aufdringlich wirken.

Das erwartet Sie im folgenden Kapitel

TEAM – Toll, ein anderer macht's: Wie Teamwork wirklich funktioniert

„Teamfähig sein bedeutet, gut mit Menschen zusammenzuarbeiten, die man sich nicht selbst ausgesucht hat."
(Englische Sportlerweisheit)

Gut geklickt ist halb gewonnen – aus dem Leben zweier Azubis

Mal wieder Hochbetrieb in der Bestellannahme! Britta weiß bald nicht mehr, wo ihr der Kopf steht. Sie sitzt am PC und bearbeitet seit Stunden die telefonischen Anfragen der Kunden. Sie nimmt Bestellungen auf, hört sich Beschwerden an und leitet Reklamationen an die zuständigen Abteilungen weiter. Britta arbeitet beim Versandhändler Computerfix AG und absolviert dort eine Ausbildung zur Fachinformatikerin. Zurzeit ist sie in der Bestellabteilung eingesetzt. Die Arbeit ist zwar anstrengend, aber dafür auch interessant. Bei jedem Vorgang muss sie sich auf neue Menschen und deren Wünsche einstellen. Dadurch vergeht die Zeit wie im Flug. Britta mag den direkten Kontakt zu den Kunden und sie hat auch schon so manches Lob für ihr umsichtiges Handeln eingefahren. Sie telefoniert sehr gern. E-Mails zu bearbeiten, ist aber nicht so ihr Ding. Das ist ihr zu unpersönlich. Auch die klassische Schreibtischarbeit liegt ihr nicht so. Oft muss sie lange nach bestimmten Unterlagen und Formularen, dem Lineal oder den Post-its kramen. Sie versucht zwar, eine Ordnung einzuhalten, aber irgendwie ist nach wenigen Tagen alles wieder durcheinander.

„Hey Niko, machen wir heute zusammen Mittagspause?", ruft sie ihrem Kollegen Niko zwischen zwei Anrufen zu. Niko sitzt drei Plätze weiter und nickt, ohne seinen Blick vom Bildschirm abzuwenden. Auch er macht eine Ausbildung zum Fachinformatiker. Damit die Arbeit abwechslungsreich bleibt, tauschen Britta und Niko diese Arbeitsbereiche alle paar Tage. Gestern war Niko für die Beantwortung der E-Mail-Anfragen verantwortlich, heute ist Britta dafür zuständig.

Niko bearbeitet viel lieber die E-Mail-Anfragen, als immer so lang am Telefon rumzuquatschen. Er kann in einem atemberaubenden Tempo in die Tasten hauen und kennt sich top mit den einzelnen Produkten aus – sollte er auch, schließlich macht er in wenigen Monaten seine Abschlussprüfung. Außerdem ist er ein Ordnungsfreak. Alles auf seinem Schreibtisch hat seinen festen Platz. Seine Unterlagen heftet er immer sofort in die entsprechenden Ordner, und bevor er abends Schluss macht, räumt er gründlich auf. Wenn er dagegen mit Kunden telefonieren muss, wird er schnell ungeduldig. Für seinen Geschmack drücken sich viele Kunden so umständlich aus – und das nervt ihn gewaltig. *Meine Güte, stammen die denn aus dem letzten Jahrhundert? Die haben bestimmt noch einen Schwarzweißfernseher,* denkt er sich oft.

Neben der Beantwortung der Kundenanfragen dürfen Nico und Britta auch Angebote per E-Mail verschicken und elektronische Auftragsbestätigungen versenden. Sie sollen nach und nach lernen, worauf es bei der Angebotserstellung ankommt. Frau Mertens, die Abteilungsleiterin, hat eingeführt, dass diese Zusatzarbeiten immer von der Person übernommen werden, die an diesem Tag die E-Mail-Anfragen bearbeitet. Diese ist dann auch dafür verantwortlich, dass das Angebot pünktlich rausgeht. Damit alle Beteiligten immer auf demselben Informationsstand sind, setzen Niko und Britta sich gegenseitig in cc, wenn sie ein Angebot rausschicken. So wissen beide immer Bescheid, auch wenn einer von beiden in der Pause ist, Urlaub hat oder krank ist – so dass Frau Mertens bei Bedarf sofort informiert werden kann.

Heute fiebert Niko dem Feierabend richtig entgegen. Am Abend will er auf das Straßenfest in der Altstadt. Mit Open-Air-Konzert der ortsansässigen Rockband. Er ist dort mit seinen Freunden verabredet. *Das wird ein geiler Abend,* denkt er sich.

Auch Britta fällt es heute schwer, sich zu konzentrieren. Sie hat eine Überraschungsparty für ihre beste Freundin Svenja geplant. Da gibt es noch jede Menge zu organisieren – Zimmer dekorieren, Salate zubereiten, Geschenke einpacken ... Deswegen will sie heute auch ganz pünktlich Schluss machen, damit sie alles noch schafft.

Die Abteilungsleiterin Frau Mertens hat Britta heute Vormittag beauftragt, einem wichtigen Kunden ein umfangreiches Angebot zu mailen. Sämtliche Unterlagen, die als Dateianhang verschickt werden sollen, hat sie für Britta im Intranet bereitgestellt. Als Britta die Dateien anhängt, grübelt sie: *Uups, das ist ja eine ziemlich große Datei: 28,5 MB. Na ja, so ein Laden wie die Markus Müller GmbH wird ja wohl ein entsprechend großes Postfach haben.* Britta könnte die Dateien zwar auch vor dem Versand noch zippen, allerdings weiß sie gerade gar nicht mehr, wie das genau geht. *Na ja, wenn das schief geht, kann ich ja morgen Niko noch danach fragen,* denkt sie sich. *Der weiß ja sowieso immer alles besser.* Britta schaut auf die Uhr: *Was schon so spät?,* denkt sie alarmiert, *jetzt muss ich aber Gas geben, damit ich nicht zu spät komme.* Sie setzt Niko wie vorgeschrieben in Kopie und klickt auf „Senden“. Dann fährt sie ihren PC herunter und räumt hastig ihre Umhängetasche ein. *Alles startklar zum Abflug!*

Auch Niko hat seinen Arbeitstag gleich beendet. Ordnungsliebend wie er ist, räumt er Ordner, Formulare und Stifte an ihren Platz. Ganz zum Schluss wirft er sicherheitshalber noch einen kurzen Blick in sein Mail-Programm. *Oh, was ist das denn*?, denkt er sich. *Da ist ja die Angebotsmail an die Markus Müller GmbH als unzustellbar zurückgekommen.* Niko schaut sich die Mail genauer an. *Mannomann, ist ja kein Wunder bei dem riesigen Dateianhang. Hat Britta denn noch nichts vom Zippen gehört? Wetten, dass sie morgen früh auf der Matte steht und nervt: Niiiiko, kannst du mir mal beim Zippen helfen?,* denkt er sich. *Da verbessere ich diesen Fehler lieber jetzt selber. Sicher ist sicher. Britta ist ja manchmal etwas verpeilt.*

Niko zippt sorgfältig alle Anhänge: die Produktabbildungen, die Vereinbarung zum gewährten Sonderrabatt von 20 % mit den Erläuterungen zur neuen Software, die Bedienungsanleitung sowie das Konzept zu entsprechenden Mitarbeiterschulungen. Dann holt er sich die Mailadresse von Herrn Carlo Mueller aus der Adressdatei und kopiert den Text in das Fenster der neu erstellten Nachricht. Er klickt auf „Senden" und wartet noch gewissenhaft, dass die Mail auch rausgegangen ist. Dann fährt auch Niko noch rasch seinen PC runter und sprintet Richtung Ausgang.

Der folgende Tag beginnt für Britta und Niko ziemlich stressig. Nachdem sie beide nur schwer aus den Federn gekommen sind, haben sie sich in der U-Bahn getroffen und ihre Erlebnisse ausgetauscht. Sonst nehmen Britta und Niko immer eine Bahn früher, um pünktlich in der Firma zu sein. „Heute wird's wohl extrem knapp werden", befürchtet Britta. „Ach", beruhigt Niko sie. „die paar Minuten wird schon keiner merken". Als die beiden eine halbe Stunde später mit ihren gefüllten Kaffeebechern zu ihrem Arbeitsplatz schlendern, ahnen sie noch nicht, dass sich ein Donnerwetter anbahnt.

Angelika Mertens hat gerade ihren morgendlichen Rundgang durch die Abteilung beendet. Sie hat ihr Team persönlich begrüßt und dabei registriert, dass Niko und Britta noch nicht da sind. Auf dem Weg zurück ins Büro klingelt ihr Handy. Es ist Herr Markus Müller von der Markus Müller GmbH, der sich beschwert, dass er noch kein Angebot auf seine Anfrage gestern erhalten hat. Frau Mertens ist ratlos und ihre Laune sinkt schlagartig. „Aber ich habe das Angebot gestern fertiggestellt und veranlasst, dass es Ihnen unverzüglich zugeschickt wird", verteidigt sich Frau Mertens. Sie entschuldigt sich für die Panne und verspricht Herrn Müller, sich umgehend um die Angelegenheit zu kümmern. Doch dazu kommt sie zunächst gar nicht, weil schon wieder ihr Handy klingelt. Am Apparat ist Herr Carlo Mueller. Er ist stinksauer und teilt Frau Mertens auch direkt mit, über was er sich geärgert hat: „Erstens habe ich von Ihnen ein Angebot erhalten, das ich überhaupt nicht angefordert habe. Zweitens habe ich dann gemerkt, dass das Angebot an meinen Mitbewerber Markus Müller GmbH gehen sollte." Und jetzt wird Herr Mueller laut: „Aber der Gipfel ist, dass die Markus Müller GmbH einen Sonderrabatt von 20 % erhält! Eine Unverschämtheit! Mir haben Sie einen solchen Rabatt noch nie angeboten!"

Oh Gott, das ist ja ein echter Alptraum, denkt sich die Abteilungsleiterin, nachdem sie Herrn Carlo Mueller fürs Erste vertröstet hat.

Das hat ja wohl Britta zu verantworten, vermutet sie. *Die ist ja eigentlich ganz kommunikativ, aber manchmal etwas unorganisiert. Aber man weiß ja nie ...* Deswegen ruft sie kurz entschlossen Britta und Niko zu sich ins Büro. Britta und Niko spazieren gut gelaunt in ihr Büro. Sie können sich überhaupt nicht vorstellen, was die Chefin von ihnen will.

Als diese das Gespräch mit dem Satz beginnt: „Warum hat Herr Markus Müller von der Markus Müller GmbH das Angebot gestern nicht bekommen?“, denkt sich Britta erleichtert: *Na, wenn's weiter nichts ist, diesen Fehler kann ich ja gleich mit Niko zusammen beheben.* Niko erinnert sich ebenfalls an die Fehlermeldung und ist erleichtert. Gott sei Dank hat er für Britta die Kohlen aus dem Feuer geholt. Er berichtet, dass er die Mail dann noch am späten Nachmittag rausgeschickt und damit die Situation gerettet hat. „Von wegen“, entgegnet Frau Mertens, „Wie kommt es denn, dass die Mail nicht an Herrn Markus Müller von der Markus Müller GmbH gegangen ist, sondern dass Herr Carlo Mueller auf einmal das Angebot bekommen hat, und dann auch noch mit den Sonderkonditionen zu 20 % – die wir ihm normalerweise nicht gewähren?“ Nun klärt sich, dass Niko sich in der Eile bei der Auswahl der Mailempfänger um eine Zeile vertan hat und die Mail somit an den „falschen“ Herrn Müller rausging. Frau Mertens ist ziemlich ungehalten und macht den beiden unmissverständlich klar, welchen Ärger dieses Versehen nach sich ziehen kann. Britta und Niko verlassen schweigend das Büro.

Als sie wieder auf dem Weg zur ihrem Arbeitsplatz sind, platzt Britta der Kragen: „Da hast du uns mit deiner Hektik ja was Schönes eingebrockt. Wie kann man denn so blöd sein und die Mailadresse verwechseln. Und jetzt krieg' ich dafür auch noch einen Anschiss!“

Das lässt Niko nicht auf sich sitzen und erwidert: „Na, und? Du hättest mich ja wirklich noch fragen können, wie man die Dateien zippt. Aber nein, Madame kommt wieder mal mit der Zeitplanung nicht klar. So ein wichtiges Angebot, das schickt man doch in Ruhe raus und nicht auf den letzten Drücker.“

„Und du bist jetzt mein Kindermädchen, oder was?“, antwortet Britta aufgebracht. „Tolle Idee: Tipps geben, wenn alles schon schief gelaufen ist. Kapier's doch einfach mal, nicht jeder ist so ein Ordnungsfreak wie du!“

„Das sagt gerade die Richtige! Ich jedenfalls finde meine Unterlagen immer und muss mir nicht von Kollegen Kulis und Taschenrechner ausborgen, weil ich meine Sachen nicht finde!“

Beide nehmen wieder an ihren Schreibtischen Platz. Britta denkt: *So ein Klugscheißer!* Und *So eine chaotische Zicke!* denkt Niko.

Beide sind jetzt stinksauer und reden den ganzen Tag kein Wort mehr miteinander. Ob das die Lösung ist?

Rückblende: Welche Fehler haben Britta und Niko gemacht?

Haben Sie die Fehler von Britta und Niko auf Anhieb erkannt? Es gibt bestimmte „Lieblingsfehler“ bei der Teamarbeit, die man leicht begeht – ob aus Unsicherheit, Gedankenlosigkeit oder Unwissen. Im Rückblick werden hier die Erlebnisse von Britta und Niko beleuchtet und erklärt. In ihrer Zusammenarbeit haben sie sich verhalten wie zwei Einzelwesen, die nichts miteinander zu tun haben. Diese Verhaltensweise führte zu einer folgenschweren Panne, weil sie sich nicht untereinander abgestimmt haben. Auf den folgenden Seiten erfahren Sie, wie Sie es besser machen können.

Stichpunkt: Eigeninitiative
Bei Britta fehlte die Eigeninitiative, sich von Niko das Zippen von Dateien erklären zu lassen. Niko hat zwar Eigeninitiative gezeigt, als er die unzustellbare Mail neu aufbereitet hat. Allerdings war er sich zu sicher, dass er alles richtig macht, und hat nicht sorgfältig genug gearbeitet. Dadurch hat er die Situation sogar noch verschlimmert.

Grundregel

Zum Arbeiten im Team gehört zunächst, dass jeder für die Erledigung seiner eigenen Aufgaben verantwortlich ist und sich bei anderen aus dem Team Hilfe holt, wenn er etwas nicht weiß. Zur Teamfähigkeit gehört es aber auch, Handlungsbedarf zu erkennen und Eigeninitiative zu zeigen. Dieses Eingreifen sollte dann aber sorgfältig und bedacht sein und eine Situation nicht noch verschlimmern. Mehr dazu lesen Sie auf der Seite 108.

Stichpunkt: Verantwortungsbewusstsein

Britta will an diesem Nachmittag aus privaten Gründen überpünktlich gehen und ist mit ihren Gedanken schon bei der Geburtstagsparty ihrer Freundin Svenja. Außerdem hat sie nicht einkalkuliert, dass es beim Mailversand immer mal technische Probleme geben kann, und erledigt dann ihre Aufgabe unvollständig.

Grundregel

Nur wenn innerhalb des Unternehmens zuverlässig gearbeitet wird, können Termine auch eingehalten werden. Dies gilt besonders, wenn man pünktlich Feierabend machen will. Dann kommt es darauf an, genügend Zeitpuffer einzubauen und wichtige Aufgaben nicht noch kurz vor Feierabend in Angriff zu nehmen. Kolleginnen und Kollegen, Vorgesetzte, aber auch Kunden und Geschäftspartner erwarten von Ihnen, dass Sie Ihre Aufgabe immer vollständig erledigen. Mehr dazu lesen Sie auf der Seite 109.

Stichpunkt: Bereitschaft, private Interessen zeitweise zurückzustellen

Niko und Britta sind am betreffenden Nachmittag unkonzentriert und nicht bei der Sache. Beide machen sich zu viele Gedanken über ihr abendliches Vergnügungsprogramm und wollen unbedingt pünktlich gehen. Dabei vernachlässigen sie ihre Arbeit – mit schwerwiegenden Folgen.

Grundregel

Am Arbeitsplatz geht die Arbeit vor. Private Angelegenheiten stehen da an zweiter Stelle. Das kann auch bedeuten, dass man später zu einer privaten Verabredung kommt – was man ja telefonisch ankündigen kann. Mehr dazu lesen Sie auf der Seite 117.

Stichpunkt: Informationsaustausch

Da es sich um eine sehr wichtige Mail gehandelt hat, hätte Britta Niko bitten müssen, den korrekten Versand der Mail im Auge zu behalten und bei Bedarf den Anhang zu zippen. Niko hätte Britta mitteilen müssen, dass er gestern die unzustellbare Mail noch einmal mit gezipptem Anhang verschickt hat.

Grundregel

Für den reibungslosen Arbeitsablauf in einem Team ist es erforderlich, dass man sich gegenseitig über den Stand einer auszuführenden Aufgabe auf dem Laufenden hält. Dies gilt besonders dann, wenn man etwas nicht – wie vereinbart – erledigen kann. Auch sollte man Bescheid geben, wenn man etwas für jemand anderen erledigt hat. Mehr dazu lesen Sie auf der Seite 112.

Stichpunkt: Kooperationsbereitschaft

Am nächsten Morgen fällt es Britta und Niko schwer, rechtzeitig aufzustehen. Beide kommen zu spät. Noch müde vom vorherigen Abend, wollen sie den Tag etwas ruhiger angehen lassen und beginnen trotz ihrer Verspätung ziemlich schlapp mit ihrer Arbeit.

Grundregel

In einem Team müssen sich alle aufeinander verlassen können. Wenn jeder im Team eigene Regeln aufstellt, kann dieses Team nicht produktiv arbeiten. Zu den wichtigsten Regeln für Teammitglieder gehören daher Absprachen über Arbeitsbeginn, Pausenzeiten und Arbeitsende. Mehr dazu lesen Sie auf der Seite 112.

Stichpunkt: Umgang mit Vorurteilen

Britta und Niko haben beide Vorurteile gegenüber der Arbeitsweise des anderen. Niko ist ordnungsliebend: Alles hat seinen Platz auf seinem Schreibtisch. Britta bearbeitet oft mehrere Vorgänge gleichzeitig und niemand außer ihr blickt an ihrem Schreibtisch durch. Beide werfen sich gegenseitig ihren Arbeitsstil vor.

Grundregel

In der Teamarbeit zählt das Arbeitsergebnis. Solange der Arbeitsstil eines Einzelnen nicht die Gesamtleistung des Teams schmälert oder Abläufe im Betrieb dadurch verzögert werden, ist hier Toleranz innerhalb des Teams angesagt. Mehr dazu lesen Sie auf der Seite 122.

Stichpunkt: Einfühlungsvermögen

Niko wird bei Gesprächen am Telefon oft ungeduldig, wenn sich Kunden ungeschickt ausdrücken. Genauso ist es bei den Kolleginnen und Kollegen im Team, die in technischen Fragen nicht so clever sind wie er. Niko versteht nicht, dass andere Menschen anders ticken als er und dass er sich bei Gesprächen darauf einstellen muss.

Grundregel

In der Teamarbeit ist es wichtig, sich in andere Personen hineinversetzen zu können, damit die Kommunikation zwischen den einzelnen Teammitgliedern funktioniert. Wenn man sein Einfühlungsvermögen trainiert, dann gelingt auch der Informationsaustausch. Mehr dazu lesen Sie auf der Seite 121.

Kompaktwissen Teamfähigkeit

Was ist Teamfähigkeit?

Als Team bezeichnet man den Zusammenschluss mehrerer Personen, die zusammenarbeiten, und zwar

- zur Verfolgung eines festgelegten Ziels,
- für eine bestimmte Zeit,
- nach bestimmten Regeln.

Der englische Begriff „Team“ kommt ursprünglich aus dem Bereich des Sports, und dort begegnet einem dieses Wort sehr häufig. Es ist die Rede vom Teamgeist, der in einer Mannschaft herrscht, von der Leistung des gesamten Teams, die den Sieg erst ermöglicht hat, oder vom Teamplayer, der für die Mannschaft und nicht für sich allein gespielt hat.

Die Stärke eines Teams besteht darin, dass jedes Teammitglied eine bestimmte Teilaufgabe übernimmt. So erreicht ein Team vorgegebene Ziele schneller, als wenn jeder es für sich allein versucht. Wie die Aufgaben der Teammitglieder aussehen, hängt im Einzelfall von den Vorkenntnissen, den persönlichen Fähigkeiten und der Erfahrung der einzelnen Teammitglieder ab. Im Idealfall ergänzen sie sich. Ein Team funktioniert allerdings nur unter der Voraussetzung, dass seine Mitglieder nicht nur die eigenen Aufgaben erfüllen. Sie sollten sich auch teamfähig verhalten. Was genau ist damit gemeint?

Menschen sind teamfähig, wenn sie mit anderen Menschen in einer Gruppe so zusammenarbeiten können, dass etwas Sinnvolles dabei herauskommt. Dies betrifft zum Beispiel die Kommunikation untereinander oder die Bereitschaft, eigene Interessen auch einmal zurückzustellen. Wie sich die Teammitglieder zueinander verhalten, beeinflusst stark die Qualität des Teamergebnisses – im Guten wie im Schlechten.

Was hat Teamfähigkeit mit dem Beruf zu tun?

In Unternehmen nimmt das Arbeiten in (wechselnden!) Teams ständig zu. Dies ist der Grund, warum Vorgesetzte ihre Mitarbeiterinnen und Mitarbeiter auch zunehmend im Hinblick auf ihre Teamfähigkeit einstellen. Sie beurteilen sie danach, ob sie sich in ein Team einpassen und zielorientiert im Team arbeiten können. Der Vorteil von Teams besteht darin, dass im Idealfall jeder das zur Gesamtleistung beiträgt, was er am besten kann. Das macht jedem mehr Spaß und stärkt die Erfolgserlebnisse des Einzelnen.

In einem Restaurant zum Beispiel hat jeder seinen speziellen Arbeitsbereich:

- Der Koch ist für die Zusammenstellung der Menüs und die Zubereitung des Essens zuständig.
- Der Koch-Azubi lernt den Beruf des Kochs und bereitet die Zutaten des Essens vor.
- Der Kellner ist verantwortlich für den Service gegenüber den Gästen.
- Die Geschäftsführerin übernimmt die Abrechnung, den Einkauf der Lebensmittel und Getränke und verhandelt mit den Lieferanten.

Und erst das Zusammenspiel aller vier Personen sorgt dafür, dass man als Gast ein gutes Essen bekommt.

Teamfähigkeit bedeutet aber gleichzeitig die Bereitschaft, das zu erledigen, was gerade erforderlich ist, auch wenn das eigentlich nicht zu den eigenen Aufgaben gehört. In einem Restaurantbetrieb kann das beispielsweise bedeuten, dass

- auch der Koch mal beim Ausladen der Weinkisten hilft,
- der Azubi auch mal eine Birne in die Deckenlampe schraubt,
- der Kellner auch mal die Lebensmittelbestellung übernimmt,
- die Geschäftsführerin auch ab und zu die Gäste empfängt.

Damit die Vorteile eines Teams im Arbeitsalltag auch zu einem Erfolg führen, steht die Gesamtaufgabe des Teams im Vordergrund – und nicht das, was jeder Einzelne persönlich am besten findet. Das heißt, Teamarbeit bedeutet immer auch eine gewisse Unterordnung des Einzelnen unter das Ziel des Teams – und damit unter die Ziele des Unternehmens, bei dem man angestellt ist.

Ja, darf ich denn meine Meinung nicht offen sagen, oder wie?, denken Sie vielleicht. Das ist damit natürlich nicht gemeint. Gerade das Zusammenarbeiten unterschiedlicher Typen und die Ideen, die alle einbringen, machen ja die Stärke eines Teams aus. Das Zusammenspiel macht's. Deswegen gilt: Für ein erfolgreiches Team ist jemand, der nie etwas sagt, ebenso ungeeignet wie jemand, der jede noch so unbedeutende Vereinbarung umständlich ausdiskutieren will.

Klingt einleuchtend, ist aber manchmal doch schwieriger als gedacht. Denn das, was die Stärke eines Teams ausmacht – die Unterschiede der Menschen in Kenntnissen, Temperament und Arbeitsweise – ist auch das, was schnell für Ärger im Team sorgt. Das liegt ganz einfach daran, dass Menschen unterschiedlich sind – in ihrem Temperament, in ihrem Geschmack, in ihren Wertvorstellungen und ihren eigenen Interessen. Gerade im Beruf muss man immer wieder mit den unterschiedlichsten Menschen zusammenarbeiten – auch mit solchen, die ganz anders denken und leben als man selbst oder die einem nicht besonders sympathisch sind. Umso wichtiger ist es, die Regeln zu kennen, wie man am Arbeitsplatz möglichst harmonisch miteinander arbeitet und ohne große Reibereien miteinander auskommt. Kurz, wie es im Team klappt.

Wann funktioniert ein Team?

In der Schule haben Sie bestimmt auch schon mit Teams zu tun gehabt. Vielleicht haben Sie bei einer Schülerzeitung mitgearbeitet oder Sie haben sich mit anderen in Lernprojekten zusammengefunden. Vielleicht sind Sie auch in einem Sportverein oder einer Theatergruppe aktiv. Dann haben Sie schon Erfahrungen darin gesammelt, was ein gutes Team ausmacht und wie viel Spaß die Zusammenarbeit mit anderen machen kann. Auf der anderen Seite haben Sie sicher auch schon die Situation erlebt, dass es in einem Team irgendwie nicht funktioniert. Das kann viele Gründe haben.

Stellen Sie sich das mal vor:

- Jemand aus dem Team kommt dauernd zu spät zur Arbeit.
- Ein Teammitglied vergisst einfach, wichtige Informationen an die anderen weiterzugeben.
- Manche im Team halten sich für etwas Besonderes und packen nicht mit an, wenn es mal klemmt.
- Ein Teammitglied versucht immer, sich in den Vordergrund zu spielen und behauptet bei jeder Gelegenheit: „Das war aber meine Idee."
- Es gibt einen Außenseiter im Team, mit dem keiner gern zusammenarbeitet und mit dem eigentlich auch niemand redet.

Können Sie sich vorstellen, dass ein solches Team auf Dauer ohne Ärger und Streit zusammenarbeitet? Wohl eher nicht. Deshalb gibt es ganz grundlegende Anforderungen, die *alle* Mitglieder eines Teams erfüllen sollten, wenn das Team erfolgreich arbeiten soll. Das gilt unabhängig von den Unterschieden der Teammitglieder.

Gute Teamplayer zeichnen sich aus durch

- Kommunikationsfähigkeit: Sie teilen sich mit und tauschen Informationen mit den anderen Teammitgliedern aus.
- Verantwortungsbewusstsein: Sie wissen, welche Folgen Fehler haben. Sie erkennen, wann man handeln muss, und packen mit an, wenn es notwendig ist.
- Einfühlungsvermögen: Sie können sich in die Denkweise anderer Menschen hineinversetzen. Sie sind tolerant und versuchen, Vorurteile abzubauen.
- Kooperationsbereitschaft: Sie stehen hinter den Zielen des Teams, suchen gemeinsam mit anderen eine Lösung und sind bereit, von anderen zu lernen.

Doch was bedeuten die Eigenschaften genau für das Verhalten des Einzelnen? Hier nun die wichtigsten Team-Tipps.

Was stärkt die Kommunikation im Team?

Bei der Teamarbeit ist es wichtig, dass alle Teammitglieder eine hohe Kommunikationsfähigkeit haben. Das bedeutet, dass sie Informationen über ihre Arbeit regelmäßig austauschen – auf zweckmäßige Weise und so, dass es zum Ziel führt. Weil die Übermittlung von Informationen ein unverzichtbarer Bestandteil der Teamarbeit ist, kommt es darauf an, wie man damit umgeht. Ein Zuwenig an Informationen ist ebenso schädlich wie ein Zuviel. Es besteht auch die Gefahr, die „richtige" Information an die „falsche" Person zu übermitteln. Das macht die Information wertlos, denn sie kommt nicht dort an, wo sie gebraucht wird.

Ein Beispiel: Sie müssen sich krankmelden und sagen dies dem Hausmeister und nicht, wie es korrekt ist, Ihrem Vorgesetzten. Für den Hausmeister ist die Information unwichtig und er vergisst, sie weiterzugeben. Ihr Vorgesetzter erfährt nichts von Ihrer Krankmeldung. Er ist sauer – und zwar zu Recht: Er weiß nicht, warum Sie auf einmal fehlen. Ihre Arbeit bleibt liegen, weil sie nicht rechtzeitig anders organisiert werden kann.

Sie sehen also, wie wichtig es bei der Zusammenarbeit ist, dass der Informationsaustausch reibungslos funktioniert. Fehlende, unvollständige oder falsche Informationen stören oder blockieren die Kommunikation im Team. Das wirkt sich negativ auf die eigene Arbeitsleistung und damit auf die Gesamtleistung aus.

Das 3 x 1 der Info-Weitergabe

- Informationen gerne weitergeben.
- Keine Informationen zurückhalten.
- Ständig überprüfen, für wen welche Info wichtig ist.

Welche Informationen sind im Team weiterzugeben?

Um einen reibungslosen Arbeitsablauf zu sichern, sollten die Teammitglieder immer über zwei große Bereiche ausreichend informiert sein:

Informationen, die die Arbeitsaufteilung betreffen, zum Beispiel:

- Wo und wann findet die Teambesprechung statt?
- Wer übernimmt heute welche Aufgaben?
- Sind dies andere Aufgaben als gestern?
- Wer hat heute frei?
- Fehlt jemand wegen Krankheit?
- Wer geht wann in die Mittagspause?

Informationen, die das Arbeitspensum betreffen, zum Beispiel:

- Wann ist der Liefertermin für die Einbauküche bei Familie Huber?
- Sind alle Ersatzteile für die Reparatur des Lieferwagens vorhanden?
- Gibt es eine Verzögerung bei der Fertigstellung des Angebotes?
- Wer hat sich heute für wann im Kosmetiksalon angemeldet?
- Sind dann alle Behandlungszimmer frei oder gibt es Überschneidungen?
- Liegen sämtliche Zahlen vor, um die Kalkulation fertigzustellen?

Was ist wichtig bei der Informationsvermittlung?

Jetzt wissen Sie, welche Informationen wichtig sind, um im Team erfolgreich arbeiten zu können – und um welche Informationen Sie sich kümmern sollten. Wenn andere Sie informieren, ist ja alles in bester Ordnung. Wenn Sie selbst Informationen weitergeben wollen, sollten Sie zunächst die folgenden Fragen beantworten können:

Um welche Art der Information handelt es sich?

- Ist die Information eilig?
- Ist die Information umfangreich?
- Ist die Information kurz?
- Ist die Information vertraulich?

Wer benötigt die Information?

- Das gesamte Team?
- Ein anderes Team?
- Einzelne Kollegen und Kolleginnen?
- Nur die Vorgesetzten?
- Die Kunden?

Wann wird die Information benötigt?

- Sofort?
- Morgen früh?
- Zur nächsten Besprechung?
- Irgendwann mal?

Was müssen Sie bei der Informationsweitergabe nachweisen?

- Dass die Information übermittelt wurde?
- Dass die Information angekommen ist?
- Wann die Information übermittelt wurde?
- An wen die Information übermittelt wurde?

Wie können Informationen übermittelt werden?

Es gibt sieben mögliche Kanäle, auf denen Sie Informationen übermitteln können:

- Mündlich auf dem Gang oder in der Mittagspause

- Während einer Besprechung
- In handschriftlicher Form auf einem Notizzettel
- In einem formellen Brief oder einer Aktennotiz
- Telefonisch
- Per E-Mail
- Über SMS

Die folgende Tabelle veranschaulicht, dass nicht jeder Kanal für jede Information sinnvoll eingesetzt werden kann. Jeder Info-Kanal hat seine Vorteile und Nachteile.

Kanal	Vorteile	Nachteile
Persönliches Gespräch, spontan auf dem Flur oder im Aufzug	■ Man sieht den Gesprächspartner. ■ Man kann beurteilen, was die Information auslöst. ■ Man kann Gesten deuten. ■ Informationsvermittlung ist „schnell mal zwischendurch“ möglich.	■ Das Gespräch wirkt nebensächlich und zufällig. ■ Missverständnisse sind möglich. ■ Die Informationsvermittlung ist nicht dokumentiert.
Persönliches Gespräch in einer extra verabredeten Besprechung	■ Man sieht die Gesprächspartner. ■ Man kann beurteilen, was die Information auslöst. ■ Man kann Gesten deuten. ■ Man kann mehrere Personen gleichzeitig informieren. ■ Die Vertraulichkeit ist gewahrt.	■ Die Besprechung muss vorbereitet werden. ■ Die Besprechung kostet Zeit. ■ Die Besprechung hat einen offiziellen Charakter. ■ Die Besprechung kann eine steife Atmosphäre haben.

Kanal	Vorteile	Nachteile
Handschriftlicher Notizzettel	■ Das Schreiben geht schnell. ■ Man braucht keinen Computer dazu. ■ Die Information kann noch mal nachgelesen werden.	■ Manchmal ist die Schrift schlecht lesbar. ■ Wenn man den Zettel aus der Hand gibt, hat man keinen Beweis mehr, dass die Info weitergegeben wurde. ■ Ohne zusätzliche mündliche Erläuterung ist das Geschriebene oft schwer verständlich.
PC-geschriebener Brief	■ Hat offiziellen Charakter ■ Kann jederzeit wieder abgerufen, kopiert oder ausgedruckt werden ■ Ist gut lesbar	■ Kostet Zeit ■ Wirkt förmlich ■ Muss sorgfältig formuliert werden ■ Kann nicht durch Gestik oder Mimik zusätzlich erläutert werden
Telefongespräch	■ Ist bequem ■ Geht schnell ■ Ist persönlich, da man die Stimme hört ■ Man kann aufkommende Fragen sofort beantworten.	■ Nur eine Person wird informiert (Ausnahme Telefonkonferenz). ■ Eingeschränkte Erreichbarkeit ■ Kann stören ■ Keine Zusatzinformationen durch Gestik und Mimik

Kanal	Vorteile	Nachteile
E-Mail	■ Schneller Versand ■ Weniger formell als ein Brief ■ (Mehrere) Empfänger können rund um die Uhr erreicht werden. ■ Belegt, wen man worüber wann informiert hat	■ Kostet Zeit, weil man sich klar ausdrücken muss ■ Gefahr von Missverständnissen (E-Mail-Ping-Pong) ■ Kann nicht durch Gestik oder Mimik zusätzlich erläutert werden
SMS	■ Geht schnell ■ Kann nachgelesen werden ■ Benachrichtigungen sind beweisbar.	■ Nur geeignet für einfache Sachverhalte ■ Es können keine zusätzlichen Dokumente verschickt werden.

So ist es sinnvoll, einen Anruf für den Kollegen auf einem handgeschriebenen Notizzettel weiterzugeben, ein Gesprächsprotokoll an alle Teilnehmer per E-Mail zu versenden oder eine Verspätung am besten telefonisch zu übermitteln. Allerdings gibt es hier keine Patentrezepte. Diese Aufstellung hilft Ihnen dabei, für jede Information den passenden Kanal herauszufinden. Entscheiden Sie von Fall zu Fall, auf welche Weise Sie Informationen vermitteln.

Was fördert Verantwortungsbewusstsein im Team?

Es ist eigentlich selbstverständlich, aber machen Sie es sich trotzdem immer wieder bewusst: Am *Arbeit*splatz geht die Arbeit vor. Privates muss hintenanstehen. Das kann bedeuten,

- dass man nicht immer dann frei bekommt, wenn man will,
- dass Arbeitszeiten sich auch mal kurzfristig ändern können,
- dass man auch mal später zu einer privaten Verabredung kommt – was man ja telefonisch ankündigen kann.

Und da ein Team ein gemeinsames Ziel hat, ist es auch wichtig, dieses Ziel gemeinsam zu erreichen – das heißt, alle sollten dabei mitspielen.

Wie erkennt man, wann gehandelt werden muss?

Wenn in einem Team einmal mehr zu tun ist, sollte niemand auf die Uhr schauen. Notwendige Arbeiten des Tages müssen einfach noch erledigt werden, bevor man Feierabend macht. Deswegen gilt: Augen auf am Arbeitsplatz und sich einen Überblick über Zusammenhänge verschaffen! Immer daran denken: Alle Arbeitsschritte greifen ineinander. Nur so kann das Arbeitsaufkommen geplant, organisiert und bewältigt werden. Das bedeutet auch, dass man Abgabetermine für zu erledigende Arbeiten einhält, Verspätungen rechtzeitig (!) ankündigt und sich auch bei internen Besprechungen nicht verspätet. Nur wenn innerhalb des Unternehmens pünktlich gearbeitet wird, können Terminversprechungen und Lieferzeiten gegenüber Kunden auch eingehalten werden.
Und dafür muss man eben manchmal „das kleine bisschen Mehr“ tun. Egal, ob das jetzt bedeutet,

- dass man dem Kollegen hilft, die Briefe zu frankieren, damit sie noch heute rausgehen,
- dass man noch zehn Minuten länger da bleibt, bis die Kundin endlich gegangen ist,
- dass man noch einen dringenden Anruf bei einem Lieferanten erledigt, obwohl eigentlich schon Dienstschluss ist,
- dass man der Kollegin noch hilft, alle Pakete zur Post zu bringen, obwohl die Lieblingsfernsehsendung schon angefangen hat.

Wie kann man abschätzen, welche Folgen das eigene Handeln hat?

Bei allem, was man am Arbeitsplatz tut, ist es wichtig, sich die Folgen der eigenen Handlungen vor Augen zu führen. Machen Sie sich bewusst, dass nicht nur grobe Fehler, sondern auch zunächst kleine Versäumnisse im Betrieb schwere Konsequenzen zur Folge haben können. Im Einzelnen sind damit gemeint:

- Eine kleine Unachtsamkeit, weil man unkonzentriert ist.
- Ein winziges Versäumnis, weil man es eilig hat.
- Etwas, das man aus Bequemlichkeit nicht tut, obwohl man es eigentlich tun sollte.
- Etwas, das man aus falschem Ehrgeiz tut, obwohl man es nicht tun sollte.
- Etwas, von dem man glaubt: *Darauf kommt es jetzt wirklich nicht an.*

Diese Folgen sind häufig schwerer, als man auf den ersten Blick glaubt, denn alles, was Sie an Ihrem Arbeitsplatz tun oder sein lassen, hat wieder Auswirkungen auf einen anderen Bereich im Betrieb. Hier nun einige Beispiele dafür, wie sich Nachlässigkeiten oder Unachtsamkeiten negativ auswirken können:

Kleine Fehler – große Folgen

Mögliche Folgen von Fehlern und Nachlässigkeiten innerhalb des Unternehmens:

- Störung der betrieblichen Abläufe
- Beschädigung von Maschinen oder Geräten
- Fehlproduktionen
- Zeitverlust bei der Abwicklung von Aufträgen
- Verärgerung bei den Kolleginnen und Kollegen
- Verschlechterung des Betriebsklimas

In Bezug auf Kunden:

- Beschwerden von Kunden
- Zögernde Rechnungszahlung durch Kunden

- Verweigerte Rechnungszahlung durch Kunden
- Verlust von Kunden
- Schlechtes Image des Unternehmens
- Rückgang des Umsatzes
- Wirtschaftliche Schwierigkeiten des Unternehmens

Die genannten Auswirkungen bedeuten für ein Unternehmen immer erhöhte Kosten oder finanzielle Verluste. Und wenn ein Unternehmen weniger Gewinn macht, kann dies sogar die Existenz des Unternehmens bedrohen. Das finden Sie jetzt vielleicht übertrieben? Die folgenden Beispiele zeigen typische Situationen aus dem Arbeitsalltag:

- Anita wartet dringend auf die Lieferung von Kopierpapier, denn sie muss unbedingt für morgen wichtige Unterlagen kopieren. Ihre Kollegin Sabine am Posteingang weiß darüber Bescheid. Doch sie vergisst Anita zu benachrichtigen, als die Pakete geliefert werden. Anita beschwert sich schließlich beim Lieferanten und erfährt, dass die Pakete schon vor Stunden im Posteingang abgegeben wurden. Die Folge: Anita muss länger bleiben, um ihre Arbeit noch erledigen zu können, und ist deswegen ziemlich sauer auf ihre Kollegin.

- Maksin verspricht einer Kundin, dass die gewünschte Ware morgen zur Verfügung steht. Sein Kollege aus dem Lager hat ihn aber nicht über den Ausverkauf eben dieses Artikels informiert. Die Folge: Die Kundin ist verärgert und beschwert sich dann bei der Geschäftsleitung über den schlechten Service des Unternehmens. Demnächst kauft sie vielleicht bei der Konkurrenz.

- Gabriela vergisst mitzuteilen, dass sie am nächsten Tag wegen eines Arzttermins später zur ihrer Arbeit im Schmuckladen kommt. Die Folge: Ihre Kollegin steht am nächsten Vormittag allein im Geschäft und kann die vielen Kundinnen nicht alle auf einmal bedienen. Sie wird nervös und unaufmerksam und bemerkt nicht, dass Ware gestohlen wird.

Diese Beispiele lassen sich noch weiter fortsetzen. Aber es ist auch so klar geworden, worauf es ankommt: Sich mit anderen über Änderungen im Geschäftsbetrieb austauschen und immer die Augen offenhalten, ob Handlungsbedarf besteht. Nur dann klappt es im Team.

Was fördert Einfühlungsvermögen im Team?

Für ein produktives Miteinander am Arbeitsplatz ist es wichtig, sich klarzumachen, dass jeder Mensch seine Stärken und Schwächen hat. Gerade die Unterschiedlichkeit macht die Schlagkraft eines Teams aus. Unterschiedliche Typen in einem Team sind unbedingt erwünscht, weil nur dadurch ein komplettes Ganzes entsteht. Im Berufsalltag ist es allerdings für den Einzelnen nicht immer einfach, damit umzugehen. Hier hilft es, offen für Neues zu bleiben. Gerade von Menschen, die anders sind als Sie, können Sie viel lernen. Aber dazu müssen Sie die anderen erst einmal kennenlernen.

Wie kann man sich in andere Personen hineinversetzen?

Im Beruf ist es wichtig, sich gedanklich in seine Kolleginnen und Kollegen hineinzuversetzen. Einer der Hauptgründe, wenn es im Team „knirscht", ist der klassische Generationenkonflikt zwischen jüngeren und älteren Kollegen. Zugegeben, dies trifft natürlich nicht für alle Teams zu. Aber die folgende Tabelle zeigt ganz klar, dass Vorurteile ein harmonisches Zusammenarbeiten erheblich behindern.

Beispiele für mögliche Vorurteile:

Dienstältere Kollegen und Kolleginnen können gegenüber Azubis folgende Vorurteile haben:	Azubis können gegenüber dienstälteren Kolleginnen und Kollegen folgende Vorurteile haben:
Die Azubis ■ sind unerfahren und naiv ■ sind zu idealistisch ■ gehen nicht mit dem nötigen Ernst an die Arbeit ■ sind überhaupt total verwöhnt ■ wollen ältere Mitarbeiterinnen und Mitarbeiter vom Arbeitsplatz verdrängen ■ wollen alles anders machen ■ wissen alles besser	Die Dienstälteren ■ blockieren Veränderung ■ bilden sich zu viel auf ihre Berufserfahrung ein ■ kennen sich mit modernen Technologien nicht aus ■ haben resigniert und haben keine neuen Ideen mehr ■ warten nur noch auf die Rente ■ sind überhaupt nicht mehr belastbar

Haben Sie einige Vorurteile erkannt, mit denen Sie selbst schon zu tun hatten? Haben Sie Vorurteile gelesen, die Sie bei sich selbst aufspüren können?

Wie entstehen Vorurteile?

Es kann passieren, dass man sich vorschnell eine Meinung über eine Person bildet, ohne sie wirklich näher kennengelernt zu haben. Menschen, die einem in ihrem Auftreten ähneln, erscheinen einem auf den ersten Blick vertrauter als Personen, die sich in vielem von einem unterscheiden.

Dies lässt sich zum Beispiel im Beruf beobachten, wenn Personen unterschiedliche Arbeitsstile haben.

Was genau damit gemeint ist, veranschaulicht der folgende Test. Entscheiden Sie sich: Welche Person ist Ihnen sympathischer?

Person A
Person A ist sehr ordnungsliebend und sorgfältig. Sie bearbeitet die Aufgaben der Reihe nach. Der Schreibtisch ist immer perfekt aufgeräumt.

Person B
Person B hat ihr eigenes Ordnungssystem und ist eher lässig. Sie bearbeitet die Aufgaben gleichzeitig. Der Schreibtisch ist immer mit Papier überhäuft.

Sicher haben Sie sich ganz spontan entschieden, welche Person Ihnen sympathischer ist – vor allem deswegen, weil Sie Ihren eigenen Arbeitstil darin erkannt haben. Gegen den Arbeitstil der anderen Personen haben Sie schnell ein Vorurteil entwickelt – weil Ihnen dieser Arbeitsstil fremd ist. Möglicherweise geht es anderen Personen ebenso, wenn sie Ihren Arbeitsstil betrachten – und schon „knirscht" es bei der Teamarbeit, weil man sich eher auf die Unterschiede konzentriert als auf die Erledigung der anstehenden Aufgaben.

Wenn sich bei Personen die Vorlieben und Gewohnheiten stark voneinander unterscheiden, neigt man leicht zu einem vorschnellen Urteil *(„merkwürdig", „seltsam", „kann ich nicht leiden", „nervt mich")* – ganz einfach deshalb, weil einem bestimmte Verhaltensweisen fremd vorkommen oder man sie nicht nachvollziehen kann. Das kann beispielsweise Bereiche betreffen wie:

- Aussehen: Wenn jemand anders aussieht als die Mehrzahl der anderen im Team (Hautfarbe, Frisur, exotische, unmodische oder extrem individualistische Bekleidung, Kopfbedeckungen).
- Hobbies und Interessen: Wenn jemand ein ausgefallenes Hobby hat und den anderen ständig davon erzählt (Vogelspinnen halten, an Tanzturnieren teilnehmen, Orchideen züchten, Puppenkleider

häkeln, Hamster dressieren) und das die anderen nervt und überfordert.

- Lebensstil: Wenn jemand Richtlinien und Werte in seinem Leben intensiv pflegt (persönlicher Glaube, verschiedene Religionen, spirituelle Lehren, Ayurveda).
- Essgewohnheiten: Wenn jemand nur ganz bestimmte Lebensmittel isst – aus Diätgründen, aus gesundheitlichen Gründen oder aus religiösen Gründen – und dadurch das gemeinsame Essen oft kompliziert wird.
- Sprache: Wenn jemand die deutsche Sprache nicht flüssig beherrscht; wenn jemand mit einem starken Dialekt spricht, den man selbst nicht versteht; wenn jemand mit Landsleuten lange und intensiv in seiner (nichtdeutschen) Muttersprache redet und dadurch die anderen aus dem Gespräch ausschließt.
- Humor: Wenn jemand gern unpassende Witze erzählt und nicht merkt, dass er sich damit über andere lustig macht.

Wie sich Vorurteile auf die Zusammenarbeit auswirken

Wenn man sich aufgrund unterschiedlicher Interessen und Verhaltensweisen nicht sympathisch ist, dann fühlt man sich nicht besonders wohl, wenn man mit dieser Person zusammenarbeiten muss.

Da kann es dann schon mal passieren, dass man vergisst, dem anderen eine Terminverschiebung auszurichten, oder Infos nicht weitergibt, weil einem nicht soviel an der Person liegt. Dieser Zusammenhang ist einem selber meistens gar nicht bewusst. Allerdings liegt es auf der Hand, dass es so mit der Teamarbeit nicht besonders gut klappt.

Sie sehen also, die vorschnelle Be- bzw. Verurteilung anderer hat auf die Teamarbeit nachteilige Auswirkungen, die Ihnen auf den ersten Blick wahrscheinlich nicht bewusst waren. Es lohnt sich also immer, zweimal hinzuschauen. Werden Vorurteile nicht abgebaut, leidet die Arbeit eines Teams unter den scheinbar unüberbrückbaren Gegensätzen.

Wie kann man Vorurteile abbauen?

Fragen Sie sich bei allem, was Sie an einer bestimmten Person stört, was eigentlich genau dahintersteckt, und bemühen Sie sich, auch Positives am anderen zu entdecken. Überlegen Sie einmal, was diese Person gut kann und was Sie vielleicht von ihr „abgucken“ oder lernen können. Je mehr Sie über den Charakter oder die Lebensumstände ihrer Kolleginnen und Kollegen wissen, desto leichter wird es Ihnen fallen, ihre Beweggründe und Argumente bei der täglichen Arbeit richtig einzuschätzen. Um herauszufinden, wie der andere wirklich tickt, ist es wichtig auf andere zuzugehen und jede Gelegenheit zu nutzen, die Denkweise des anderen besser zu verstehen.

So kommen Sie der Sache näher:

- Nutzen Sie jede mögliche Gelegenheit zum Small Talk. Wählen sie geeignete Themen und wenden Sie die Fragetechniken des Small Talks an. Konkrete Tipps hierzu finden Sie im Kapitel „Alle reden vom Wetter“, ab Seite 61.
- Treffen Sie sich mit Kolleginnen und Kollegen außerhalb der Arbeit. Hätten Sie gedacht, dass der stille Buchhalter toll Klavier spielen kann und die neuesten Popsongs in die Tasten haut?
- Beteiligen Sie sich an firmeninternen Sportangeboten. Hätten Sie gedacht, dass die quirlige Sekretärin auch eine hervorragende Volleyballspielerin ist?

Wie kann man sich den anderen mitteilen?

Einfühlungsvermögen bedeutet auch, dass Sie den anderen im Team eine Chance geben, sich in Sie hineinzuversetzen. Anders herum ausgedrückt: Wenn Sie einmal einen richtig schlechten Tag, privaten Ärger oder ganz einfach starke Kopfschmerzen haben, dann sollten Ihre Kolleginnen und Kollegen im Team das wissen. Wenn dies nicht der Fall ist, kann Ihre schlechte Stimmung leicht missverstanden werden und andere vermuten hinter Ihrem Verhalten alles Mögliche, zum Beispiel

- dass Sie wegen irgendetwas beleidigt sind,
- dass Ihnen die Arbeit stinkt,
- dass Sie das Betriebsklima nicht gut finden,
- dass Ihnen das Gesamtergebnis des Teams nicht wichtig ist.

Und dabei stimmt das gar nicht. Klären Sie also Ihre Kolleginnen und Kollegen ruhig (kurz!) darüber auf, dass Sie heute mal nicht so gut in Form sind. Das erspart Missverständnisse und Ärger. Aber bitte keine stundenlangen Leidensgeschichten über Liebeskummer, Krankheiten oder familiären Stress!

So bringen Sie es beispielsweise rüber:

„Sorry, wenn ich heute mal nicht so zum Plaudern aufgelegt bin, aber ich fühle mich ziemlich schlapp. Hoffentlich bekomme ich keine Grippe."

„Geht ihr ruhig mal heute ohne mich in die Mittagspause. Ich muss noch dringend eine private Angelegenheit erledigen und ich weiß nicht, wie lange das dauert."

„Nicht böse sein, Leute, wenn ich so früh am Morgen schon genervt bin. Aber ich hatte heute Morgen einen Riesenknatsch mit meinem Nachbarn wegen der Hausordnung."

„Es hat nichts mit Ihnen zu tun, dass ich vielleicht etwas unfreundlich am Telefon klinge, aber ich habe heute Nachmittag noch ein wichtiges Gespräch mit meinem Chef vor mir und bin entsprechend nervös."

Achten Sie auf solche Anzeichen auch bei Kolleginnen und Kollegen. Wenn Sie den Eindruck haben, dass es jemand im Team gerade nicht besonders gut geht, dann halten Sie sich an diesem Tag einfach mal etwas zurück und nehmen Sie Rücksicht, wenn das Arbeitspensum es erlaubt.

Umgekehrt gilt auch: Lassen Sie die anderen im Team ruhig wissen, wenn Sie mal einen besonders guten Tag haben oder wenn Ihnen etwas besonders gut gelungen ist – sowohl was Ihre Arbeit betrifft als auch was das Privatleben angeht. Aber auch hier gilt: in der Pause und in Kurzform. Denn Sie wollen die andern ja nicht von der Arbeit abhalten.

Was fördert Kooperation im Team?

Selbstverständlich gilt auch für das Arbeiten im Team, dass jeder zunächst für die Erledigung seiner eigenen Aufgaben verantwortlich ist. Wer sich aber um nichts anderes als die eigenen Aufgaben kümmert, verhält sich nicht teamfähig. Wenn es darauf ankommt, muss man schon mal für andere einspringen.

> Nur immer die eigenen Leistungen herauszustellen, passt nicht zum Teamgedanken, bei dem es darum geht, vom „Ich" zum „Wir" zu gelangen. Teamarbeit bedeutet, als Gruppe zu handeln.

Warum ist es wichtig, die persönliche Meinung auch einmal zurückzustellen?

Wo unterschiedliche Menschen zusammenarbeiten, gibt es zu vielem auch unterschiedliche Meinungen. Zum Beispiel, wie man mit einer Kundenbeschwerde wegen eines fehlerhaften PCs umgehen soll. Hier können verschiedene Meinungen innerhalb eines Teams aufeinandertreffen. Dies verdeutlicht das folgende Beispiel:

Wie geht das Team mit der Kundenbeschwerde um?

A: Dem Kunden das Geld zurückgeben und einen Blumenstrauß schicken.
B: Dem Kunden eine Ersatzlieferung anbieten.
C: Dem Kunden kein Geld zurückgeben, sondern auf das Kleingedruckte im Vertrag bestehen.

Das ist hier zwar stark vereinfacht dargestellt, trifft aber den Kern der Sache: Es muss eine Entscheidung getroffen werden, wie man mit der Kundenbeschwerde umgeht – und zwar nicht erst in drei Monaten oder in einem halben Jahr, sondern bis morgen. Logisch, dass solche Probleme nicht stundenlang ausdiskutiert werden können, schließlich muss ja auch die übrige Arbeit gemacht werden.

Stellen Sie sich vor: Die Entscheidung der Teammehrheit fällt auf Möglichkeit C. Sie selbst aber sind für Möglichkeit A. In dieser Situation ist es nun wenig hilfreich, stur auf der eigenen Meinung zu bestehen oder unendliche Diskussionen darüber zu führen. Vielmehr ist jetzt kooperatives Handeln gefragt, um zusammen mit den anderen eine Lösung zu finden. Zum Beispiel diese:

Die neue Lösung:
Dem Kunden wird zwar kein Geld zurückgegeben und auch kein Ersatz geliefert. Allerdings wird ihm diese Entscheidung in einem freundlichen und sachlich begründeten Brief mitgeteilt. Dem Brief wird ein Gutschein über 20 Euro als kleine Geste der Wiedergutmachung beigelegt.

Damit ist die Grundrichtung, die die meisten im Team angestrebt haben, erhalten geblieben. Trotzdem konnten Sie noch eine Verbesserung der Vorgehensweise erreichen. Denn die oben vorgestellte Lösung kommt beim Kunden sicher besser an, als nur auf das Kleingedruckte zu verweisen und die Beschwerde einfach abzuschmettern.

Wie bringen Sie eigene Ideen ein?

Sie sehen also, bei Teamarbeit ist durchaus Engagement gefragt – wenn eine praxisnahe Lösung gesucht wird, aber nicht, um einfach die eigene Meinung durchzusetzen. Wenn man jedoch im Team eigene Vorschläge anbringen will, gibt es auch hierfür einige empfehlenswerte Spielregeln.

Sicher fallen Ihnen gerade in den ersten Tagen Dinge in der Organisation oder bei der Bürotechnik auf, die Sie als altmodisch oder umständlich empfinden – auch wenn Sie noch keine oder wenig Berufserfahrung besitzen:

- Die Telefonanlage ist älteren Datums.
- Die Textverarbeitungssoftware ist nicht auf dem neuesten Stand.
- Bestimmte Formulare werden noch per Hand ausgefüllt.

Für diese und andere Fälle gilt: erst mal beobachten und noch nicht sofort zu allem einen Kommentar abgeben. Wer neu dabei ist und schon nach wenigen Tagen alles besser weiß, macht sich bei seinen Kolleginnen und Kollegen nicht gerade beliebt – und das ist ja auch verständlich. Umgekehrt geht es Ihnen genauso. Außerdem kann es ja sein, dass alles ganz bestimmte Gründe hat, die Sie aufgrund der Kürze Ihrer Firmenzugehörigkeit noch nicht durchschauen (können). Also lieber nachfragen und dann nach einigen Wochen, wenn Sie besser durchblicken, durchdachte Verbesserungsvorschläge machen – die selbstverständlich erwünscht sind, keine Frage. Es kommt eben auch hier auf das *Wie* und das richtige Timing an. Wenn Sie eigene Ideen nicht übereilt beisteuern, zeigen Sie Engagement und Interesse an Ihrer Arbeit, ohne andere vor den Kopf zu stoßen. Dabei ist es auch wichtig, wie Sie dies formulieren.

So leiten Sie Verbesserungsvorschläge geschickt ein:

„Welchen Grund gibt es denn dafür, dass das Unternehmen noch keine Facebook-Seite hat?“

„Warum sind Bestellformulare in der Materialausgabe gelagert? Die werden doch eigentlich nur hier bei uns benötigt, oder?"

„Oh, dieses E-Mail-Programm kenne ich gar nicht. Aus welchen Gründen wird denn gerade dieses hier bei Ihnen eingesetzt?"

Was fördert Lernbereitschaft im Team?

Eigene Ideen sind gut und wichtig und deshalb absolut wünschenswert bei der Arbeit im Team. Gleichzeitig wird Ihre Eigeninitiative auch auf anderem Gebiet gefordert, nämlich ständig Neues dazuzulernen. Selbstverständlich haben Sie als Azubi den Anspruch auf entsprechende Betreuung, Einarbeitung und Wissensvermittlung – durch Kolleginnen und Kollegen und Ihre Vorgesetzten. Dennoch wird man Sie nicht immer an die Hand nehmen und Ihnen „alles hinterhertragen". Das ist nicht persönlich gemeint, sondern gerade in kleineren Ausbildungsbetrieben die pure Notwendigkeit. Nicht immer ist Zeit vorhanden, um sich ausführlich mit Ihnen zu beschäftigen, denn das eigentliche Geschäft des Unternehmens soll schließlich weiterlaufen.

Was also tun? Werden Sie selbst aktiv und beschaffen Sie sich die Informationen, die Sie für Ihre Arbeit benötigen. Hier gilt: fragen, fragen, fragen. Denn die Bereitschaft, ständig dazuzulernen, ist auch eine wichtige Aufgabe im Team, die Sie ernst nehmen sollten. Nur durch diese Lernbereitschaft können Sie Ihre Kenntnisse ständig erweitern, Fehler von Mal zu Mal vermindern und dadurch auch Ihre Akzeptanz im Team erhöhen. Damit es Ihnen im Team und dem Team mit Ihnen gut geht.

Praxistest Teamfähigkeit

Testen Sie Ihr neu erworbenes Wissen und beantworten Sie die folgenden Fragen zur Teamarbeit. Die Auflösungen mit Erläuterungen lesen Sie ab Seite 136.

Frage 1
Sie teilen sich ein gemeinsames Büro mit einer Kollegin. Die ist heute den ganzen Tag in der Berufsschule. Öfter am Tag klingelt das Telefon der Kollegin. Was tun Sie?

A ☑ Ich gehe an den Apparat und notiere, was die Anrufer von meiner Kollegin wollen. Die Notizen bekommt meine Kollegin. So entgeht ihr nichts.

B ❑ Ich gehe an den Apparat und höre mir alles an. Morgen in der Frühstückspause kann ich der Kollegin dann alles erzählen.

C ❑ Ich lasse es klingeln. Wer etwas will, ruft auch in ein paar Tagen noch mal an. Mit dem Aufgabenbereich meiner Kollegin habe ich eh nichts zu tun.

Frage 2
Die Sekretärin in der Buchhaltung ist plötzlich krank geworden. Ihre Chefin bittet Sie, im Sekretariat beim Versand der Kundenrechnungen auszuhelfen. Eigentlich sind Sie heute für den Verkauf eingeteilt und freuen sich schon auf die Arbeit dort. Wie reagieren Sie?

A ☑ Selbstverständlich springe ich ein. Die Rechnungen sind absolut wichtig für das Unternehmen, das ist doch klar.

B ❑ Ich bin stinksauer, dass ich mal wieder die Handlangertätigkeiten machen darf, und trödele beim Rechnungsversand absichtlich herum.

C ❑ Ich weise meine Chefin darauf hin, dass das wirklich die Ausnahme bleiben muss, denn schließlich will ich hier was lernen.

Frage 3
Eine Kollegin bittet Sie, mit ihr den freien Tag zu tauschen, da sie an diesem Tag zu einer Familienfeier in einer anderen Stadt eingeladen ist. Eigentlich haben Sie für diesen Tag einen Shopping-Bummel mit einer Freundin geplant. Wie lautet Ihre Antwort?

A ❑ Ich sage: „Sorry, da kann ich Ihnen wirklich nicht weiterhelfen. Ich habe schließlich auch meine Termine."

B ❑ Ich merke, dass diese Familienfeier meiner Kollegin sehr am Herzen liegt und sage zu: „Okay, das mache ich gern, ich verschiebe meine Verabredung einfach um einen Tag. Dafür habe ich ja jetzt was gut bei Ihnen, oder?"

C ❑ Ich sage den Tausch zu, obwohl ich ziemlich sauer bin. Aber die Kollegin wird sonst ziemlich zickig und den Stress will ich mir nicht antun.

Frage 4
Sie arbeiten in einem Einrichtungshaus und haben heute Morgen in der Tageszeitung die Anzeige eines Konkurrenzunternehmens gelesen, in dem ein großer Jubiläumsverkauf mit Sonderpreisen angekündigt wird. Wie gehen Sie mit dieser Information um?

A ❑ Ich schneide die Anzeige aus, kopiere sie im Büro und zeige sie meinem Chef. Schließlich muss man ja darauf reagieren.

B ❑ Ich gehe zur Arbeit und erzähle einer Kollegin in der Pause davon.

C ❑ Ich mache gar nichts. Mein Chef liest ja auch die Zeitung. Da wird ihm die Anzeige sicher aufgefallen sein und er muss schließlich wissen, was zu tun ist.

Frage 5
Sie erhalten von einem externen Anbieter über E-Mail die Einladung, an einer Fortbildungsveranstaltung teilzunehmen. Sie lesen die Mail genauer und stellen fest, dass es sich um ein Seminar für Führungskräfte handelt und dass es für Sie überhaupt nicht in Frage kommt. Wie verhalten Sie sich?

A ❑ Wie gesagt: Es kommt für mich nicht in Frage. Also die Mail löschen, was sonst?

B ❑ Ich antworte auf die Mail und bitte den Absender, mir künftig keine solchen unpassenden Angebote mehr zu schicken.

C ❑ Mir fällt ein, dass das Thema vielleicht für eine Kollegin von mir interessant sein könnte, und ich leite ihr die Mail mit einem kurzen Gruß weiter.

Frage 6
Alle Azubis erhalten den Auftrag, sich Gedanken über die neue Schaufensterdekoration zu machen. Ihre Idee findet keine Zustimmung. Der Vorschlag eines anderen Azubis hat den Abteilungsleiter überzeugt. Er bittet alle Azubis gemeinsam an die Umsetzung der Idee zu gehen. Wie ist Ihre Reaktion darauf?

A ❑ Ich bin sauer und denke: Bei dieser dämlichen Idee auch noch mitmachen, das kommt ja gar nicht in die Tüte! Es gibt doch bestimmt noch etwas anderes zu tun. Vielleicht kann ich mich um die Mitarbeit herumdrücken.

B ❑ Ich fange eine Diskussion darüber an, dass meine Idee doch die bessere ist. Wäre doch gelacht, wenn ich den Abteilungsleiter nicht überzeugen kann!

C ❑ Ich fange gleich an, mit den anderen das weitere Vorgehen zu besprechen. Und denke mir: Die Idee finde ich zwar nicht so toll, aber wenn ich engagiert mitarbeite, kann ich doch noch einiges von meiner Idee einfließen lassen.

Frage 7
Sie treffen auf dem Firmenparkplatz einen Kollegen, der Ihnen erzählt, dass sich die Auslieferung eines Ersatzteiles verzögert.

A ❑ Ich sage: „Sorry, aber ich habe Feierabend und ich muss heute ganz schnell los."

B ❑ Ich sage: „Mensch, das ist aber Pech, das tut mir schrecklich leid, das ist ja furchtbar."

C ❑ Ich sage: „Oh, das ist aber wichtig, dann verzögert sich ja der Einbau der Teile auch. Können Sie mir das bitte gleich morgen früh als E-Mail schicken, damit ich die anderen im Team darüber informieren kann?"

Frage 8
Sie arbeiten in der Versandabteilung eines Internet-Warenhauses. In der Mittagspause erzählt Ihnen eine Kollegin ausführlich von ihrer Idee, wie man den Nachschub an Verpackungsmaterial noch schneller organisieren könnte. Wie ist Ihre Reaktion darauf?

A ❑ Ich finde die Idee super und ermuntere sie, bei der Leiterin der Versandabteilung um einen Termin zu bitten, an dem sie ihre Vorschläge präsentieren kann.

B ❑ Ich finde die Idee super, sage aber: „Und Du meinst echt, das funktioniert? Ich weiß nicht recht ..." Gleichzeitig beschließe ich, mir einen Termin bei der Leiterin der Abteilung geben zu lassen und ihr diese Vorschläge als meine Ideen zu präsentieren.

C ❑ Ich höre mir an, was sie zu erzählen hat und denke mir: *So eine Streberin! Die will sich doch bloß einschleimen mit ihren Ideen. Außerdem ist es doch ganz gut so, wie es ist. Was soll diese dauernde Veränderung?*

Frage 9
In Ihr Team kommt ein neuer Azubi. Sie sind schon im zweiten Lehrjahr und sollen ihn einarbeiten. Wie gehen Sie vor?

A ❑ Ich kümmere mich erst mal nicht besonders um ihn. Nach ein paar Tagen frage ich ihn aber, ob er nicht Lust hat, heute Abend mit mir noch etwas trinken zu gehen. So lernt man sich schließlich besser kennen.

B ❑ Ich führe ihn am ersten Tag in der Abteilung herum und zeige ihm alles. Aber morgen ist Schluss damit. Er kann ja fragen, wenn er etwas wissen will. Ich habe mich schließlich ja auch allein durchwursteln müssen.

C ❑ Ich führe ihn am ersten Tag in der Abteilung herum und zeige ihm alles. Da ich in den nächsten Tagen aber einen wichtigen Auftrag bearbeiten muss, kann ich mich erst in der kommenden Woche wieder um ihn kümmern. Ich bitte den neuen Azubi, dies nicht persönlich zu nehmen und sich bis Montag mit Fragen ausnahmsweise an meine Kollegin zu wenden.

Frage 10
Ihr Kollege kennt sich noch nicht aus mit dem elektronischen Kalkulationsprogramm. Er bittet Sie um Hilfe, weil er dringend eine Tabelle fertigstellen muss. Was geht Ihnen in dieser Situation durch den Kopf?

A ❑ Ist doch nicht zu fassen, das ist doch super einfach, ist der denn komplett doof?

B ❑ Na ja, zugegeben, letzte Woche konnte ich es ja selber noch nicht, ich habe das jetzt nur drauf, weil mir die Anna das erklärt hat, also will ich mal nicht so sein ...

C ❑ Also, die Technik hat er ja gerade nicht drauf und da helfe ich ihm jetzt mal. Dafür übernimmt er sicher mal ein schwieriges Kundentelefonat für mich, das kann er doch super.

Auflösungen zum Praxistest

Frage 1
Mit der Verhaltensweise 1 A sichern Sie wertvolle Informationen für Ihre Kollegin – und damit auch für das Unternehmen. Denn wenn Sie die Gespräche nur mündlich ohne schriftliche Notizen wiedergeben, wie bei 1 B beschrieben, geht einiges verloren. Und Ihre Kollegin kann die Frühstückspause nicht zur Erholung nutzen – und Sie selbst auch nicht. Wenn Sie das Telefon einfach klingeln lassen (1 C), dann macht das auf die Anrufenden einen schlechten Eindruck. Nachdem Sie mit Ihrer Kollegin ein Zimmer teilen, sollten Sie auch Anteil an ihrer Arbeit nehmen. Das Gleiche gilt natürlich auch umgekehrt.

Frage 2
Wenn Sie wie bei 2 A beschrieben, einspringen, dann beweisen Sie Engagement für das Unternehmen und lernen dabei sicher einiges. Wenn Sie allerdings missmutig und langsam arbeiten (2 B), dann vermiesen Sie sich selbst den Tag. Und das ganz umsonst, denn die Verkaufsabteilung kommt während Ihrer Ausbildung schon noch dran. Die Verhaltsweise 2 C, nämlich sich bei der Chefin zu beschweren, ist unpassend und patzig! Außerdem ist es unrichtig, denn natürlich lernen Sie auch in der Buchhaltung etwas Nützliches für Ihre Ausbildung.

Frage 3
Wenn Sie bereit sind, mit der Kollegin den Tag zu tauschen (3 B), dann tun Sie ihr wirklich einen Gefallen, der mit kleinem Aufwand eine große Wirkung zeigen kann. Denn den Shopping-Bummel mit Ihrer Freundin können Sie wahrscheinlich leichter verschieben als die Kollegin ihre Familienfeier in einer anderen Stadt. Wenn Sie, wie bei 3 A beschrieben, auf dem vereinbarten freien Tag beharren und so tun, als hätten Sie selbst etwas ganz Wichtiges vor, verschlechtern Sie das Betriebsklima. Denn wenn Sie die Kollegin das nächste Mal um einen Gefallen bitten, wird sie wahrscheinlich genauso reagieren wie Sie und erst mal mauern. Die Lösung 3 C, nämlich nachzugeben, weil Sie Angst vor einer Szene im Büro haben, ist keine gute. Wenn es bereits Zickenalarm in Ihrer Abteilung gegeben hat, dann ist es höchste Zeit,

sachlich mit Organisationsfragen umzugehen. Tatsächlich verhält es sich so: Sie können den freien Tag mit der Kollegin tauschen, Sie müssen aber nicht.

Frage 4
Mit der Antwort 4 A beweisen Sie, dass Sie mitdenken und dass Sie sich für den Umsatz und die Zukunft des Unternehmens interessieren. Das kommt sicher gut an bei Ihrem Chef. Mit 4 B zeigen Sie zwar etwas Interesse, aber eine solch aktuelle Konkurrenzsituation ist mehr wert als nur ein Pausengespräch. Und die Person, die es dringend wissen sollte, nämlich der Chef, erfährt so erst mal nichts. Mit der Antwort 4 C demonstrieren Sie nur Desinteresse. Und woher wissen Sie, ob Ihr Chef wirklich diese Zeitung auch liest und die Anzeige mitten im Tagesgeschäft auch bemerkt? So haben Sie jedenfalls eine Chance verschenkt, zu zeigen, dass Sie mitdenken.

Frage 5
5 C zeigt, dass Sie an andere im Team denken und einschätzen können, was wen interessiert. Sicher freut sich die Kollegin darüber. Mit der Antwort 5 B betreiben Sie Energieverschwendung. Denn ob Sie wirklich aus dem E-Mail-Verteiler herausgenommen werden, ist fraglich. Und 5 A, nämlich die E-Mail einfach zu löschen, ist zwar nicht falsch, aber ziemlich fantasielos.

Frage 6
Wenn Sie sich verhalten, wie in 6 C, dann zeigen Sie, dass Sie in der Lage sind, sich ohne „Egotrip“ für das Gesamtergebnis eines Teams einzusetzen. So beweisen Sie Teamgeist und das wird gut ankommen. Mit der Verhaltensweise 6 B nerven Sie alle, denn wenn der Abteilungsleiter sich entschieden hat, dann wird erwartet, dass diese Entscheidung auch von allen akzeptiert wird. Mit der Einstellung 6 A, nämlich dem Rückzug ins Schneckenhaus, erreichen Sie wenig – außer, dass man Sie als schlechten Verlierer ansieht.

Frage 7
Die Reaktion wie in 7 C beschrieben zeigt, dass Sie Verantwortungsbewusstsein haben und sich vorstellen können, was sich aus der

verzögerten Auslieferung des Ersatzteils als Folge ergibt. Wenn Sie nur zeigen, dass es Ihnen leid tut, rumjammern (7 B) und dann aber nicht mehr weiterdenken, machen Sie sich nicht beliebt. Und die Lösung 7 A, dass Sie sich auf Ihren Feierabend berufen und sich mit solch einem wichtigen Problem nicht mehr beschäftigen wollen, ist ja mehr als schlapp.

Frage 8
Wenn Sie die Kollegin ermuntern, diesen Vorschlag zu präsentieren, (8 A), dann erkennen Sie die Chance – und gönnen sie Ihrer Kollegin. Das ist nett und kollegial – und das wird sicher von der Kollegin gewürdigt. Die Verhaltensweise 8 B ist unfair und zieht sicher jede Menge Ärger nach sich. Wer dagegen so denkt, wie in 8 C beschrieben, verbaut sich die Chance, selbst auf neue Ideen zu kommen.

Frage 9
Mit der Vorgehensweise 9 C nehmen Sie diesen Auftrag ernst. Wenn Sie diesen Azubi dann in den Tagen, an denen Sie sehr viel zu tun haben, einer Kollegin anvertrauen, handeln Sie verantwortungsbewusst. Die Lösung 9 B ist bequem, oberflächlich und unfair dem neuen Azubi gegenüber. 9 A – die Idee, mit dem Azubi abends etwas trinken zu gehen, statt ihn tagsüber herumzuführen – geht total an Ihrem Auftrag vorbei.

Frage 10
Wenn Sie reagieren, wie bei 10 C beschrieben, dann sind Sie bereit, den Kollegen mit dem zu unterstützen, was Sie gut können. Und wenn Sie erkennen, was Sie selbst von dem Kollegen lernen können, dann ist das eine gute Voraussetzung für Kooperation im Team. Die Reaktion 10 B zeigt immerhin, dass Sie sich gut selbst einschätzen können. Denn, wenn man etwas kann, vergisst man oft, dass man es früher selbst nicht beherrschte. Wer aber so denkt, wie in 10 A beschrieben, ist einfach nur engstirnig und unkooperativ.

Das erwartet Sie im folgenden Kapitel

Nix für ungut: Wie man Kritik sachlich annimmt und angemessen ausspricht

„Kritik ist nix für schwache Ohren,
und wer sich aufregt, hat verloren."
(Alte Theaterregel)

Marcos Meisterstück – aus dem Leben eines Azubis

Marco ist heute besonders gut drauf. Es ist Freitag Vormittag und das Wochenende ist sozusagen schon in Sichtweite. Gegen drei Uhr will er Feierabend machen. Die Ausbildung zum Kfz-Mechatroniker bei Auto Arendt, dem größten Autohaus der Stadt, macht ihm viel Spaß. Marco liebt Autos über alles. Im Herbst will er den Führerschein machen und kann dann endlich auch auf vier Rädern losbrausen.

Er sieht sich den Arbeitsplan für den Rest des Tages an und geht in Gedanken die restlichen Aufgaben des Tages durch: Neben kleineren Reparaturarbeiten wie einem Keilriemenwechsel, den er als Lehrling im 2. Lehrjahr schon fast selbstständig durchführen darf, freut er sich auf eines ganz besonders: Heute Mittag holt Frau Finsterling ihren heißgeliebten roten Polo ab. Sie war mit ihrem Wagen am letzten Wochenende in einen Auffahrunfall verwickelt. Der linke Kotflügel war quasi Schrott und musste ausgetauscht werden. Diese Reparatur hat er ganz allein erledigt.

Das hab' ich wirklich super hinbekommen, denkt er stolz. Das Auto ist zwar nicht mehr das allerneueste, und ob Frau Finsterling noch mal durch den TÜV kommt, ist mehr als fraglich. Aber Marco hat sich mächtig ins Zeug gelegt: Hier noch die vordere Stoßstange ausgebeult, dort noch die Lackschäden auf der Motorhaube ausgebessert und das Ganze auf Hochglanz poliert – fertig! Jetzt sieht der Wagen wieder prima aus. *Na, Frau Finsterling wird vielleicht Augen machen!* Die

Vorfreude auf dieses Ereignis beflügelt ihn und die Arbeit geht ihm wie von selbst von der Hand.

Als Marco einige Zeit später aus seiner Mittagspause kommt und die Werkstatt betritt, merkt er sofort, dass irgendetwas passiert ist. Sein Kumpel Jens, auch Auszubildender im 2. Lehrjahr, nimmt Marco zur Seite: „Hi Marco. Du, ich glaube, du solltest lieber mal beim Chef vorbeischauen. Der hat soooo einen Hals auf dich. Die Finsterling hat vorhin ihre Karre abgeholt und eine Riesenszene hingelegt. Keine Ahnung, worum es im Einzelnen ging. Der Chef hat gebrüllt, dass du was erleben kannst, wenn du aus der Pause kommst. So klang es jedenfalls."

Marco hat keinen Schimmer, was seinen Chef so ärgerlich gemacht hat. Er dreht sich um und steuert auf das Büro des Werkstattleiters, Herrn Beier, zu. *Das kann doch nur ein Missverständnis sein*, denkt er sich. Aber irgendwie ist ihm doch ein bisschen mulmig. Herr Beier ist nicht in seinem Büro, Marco findet ihn am Kaffeeautomaten. „Hallo, Herr Beier, ich habe gehört, Sie sind sauer auch mich? Was ist denn los?" Herr Beier schnappt sich den Kaffeebecher und sagt: „Kommen Sie doch erst mal mit in mein Büro."

Im Büro des Werkstattleiters angekommen, beginnt Herr Beier sofort: „Also Marco, was haben Sie sich nur dabei gedacht?", fragt er. Marco ist ratlos: „Äh, bei was gedacht?", antwortet er. „Na, bei dem Reparaturauftrag von Frau Finsterling. 1.785 Euro plus Mehrwertsteuer! Frau Finsterling hat getobt. Sie hat behauptet, es sei nur das Ausbeulen und Lackieren des Kotflügels vereinbart gewesen. Und genau das will sie jetzt auch nur bezahlen. Von Ausbesserungsarbeiten auf der Motorhaube und dem Ausbeulen der Stoßstange ist nie die Rede gewesen, behauptet sie. Was sagen Sie dazu?"

„Also die spinnt doch! Macht so einen Aufstand wegen 450 Euro Mehrkosten. Ich weiß gar nicht, was die will. Der Wagen sieht jetzt doch wieder 1 A aus. Erstklassige Arbeit."

„Jetzt mal halblang, Marco. Darum geht es doch nicht. Wer hat Ihnen denn überhaupt gesagt, dass Sie diese zusätzlichen Arbeiten durchführen sollen?"

„Mir gesagt? Das braucht mir niemand zu sagen. Das sieht doch ein Blinder, was da zu tun war."

„Wie bitte? Sie haben das alles eigenmächtig durchgezogen?" Herr Beier wird jetzt lauter. „Na, Sie haben vielleicht Nerven. Sie hätten dies unbedingt mit Herrn Matic absprechen müssen. Er hat den Auftrag angenommen. Leider ist er gerade im Urlaub, sonst wäre ihm diese Panne bestimmt aufgefallen. Wir sind hier ein Dienstleistungsunternehmen und leben schließlich davon, dass unsere Kunden zufrieden sind und immer wieder zu uns kommen. Was glauben Sie wohl, was Frau Finsterling ...?"

„Ist mir doch egal", unterbricht ihn Marco, „die Finsterling hat doch keinen blassen Schimmer von Autos. Wenn die diese Superarbeit nicht zu schätzen weiß, dann soll sie doch woanders hingehen. Da wird sie schon sehen, was sie davon hat."

„Herrgott noch mal, Marco! Darum geht es hier nicht. Die Kundin hat diese Arbeiten nicht in Auftrag gegeben und braucht deshalb dafür auch nicht zu bezahlen. Basta. Das heißt, die Firma bleibt auf den Mehrkosten sitzen und hat womöglich eine langjährige Kundin verloren, wenn es mir nicht gelingt, sie noch umzustimmen. Sie haben eindeutig Ihre Kompetenzen überschritten und eigenmächtig gehan..."

„Sie behaupten also, dass ich schlechte Arbeit abgeliefert habe?" Marco beginnt sich jetzt richtig aufzuregen. Er fängt an, zu schwitzen: „Die ganze Zeit wusste ich doch, dass Sie mich auf dem Kieker haben. Alles, was ich mache, passt Ihnen nicht. Aber gucken Sie sich lieber mal an, was der Jens manchmal so abliefert. Der kann doch noch gar nichts selbstständig machen, der braucht immer ein Kindermädchen, das ihm sagt, welche Zange er jetzt nehmen soll. Aber mich runterputzen ..."

„Das tut hier aber nichts zur Sache." Herr Beier atmet tief durch und versucht, trotz Marcos Ausbruch, die Ruhe zu bewahren. Doch Marco ist richtig in Fahrt gekommen: „Wie wir hier arbeiten, das ist doch voll die Steinzeit: Die Auftragsannahme auf einem Stück Papier, das dann ölverschmiert in der Werkstatt rumliegt! Kein Wunder, dass da nicht alles so läuft. Das macht man heutzutage alles über ein Intranet mit der entsprechenden Software. Kein Wunder, dass die Finsterling unzufrieden ist." Damit rauscht Marco mit hochrotem Kopf aus dem Büro und knallt die Tür hinter sich zu. Den Rest des Nachmittags drückt er sich zwischen der Werkbank und dem Umkleideraum herum und geht jedem Gespräch mit Kollegen aus dem Weg.

Herr Beier ist richtig sauer und erzählt den Vorfall seiner Sekretärin: „Mann, der Marco hört einfach nicht richtig zu. Egal, ob es im Kundengespräch ist oder jetzt mit mir. Dabei ist er ein klasse Azubi. Er begreift schnell und hat ein sehr gutes technisches Verständnis. Aber so ein Auftreten kann ich einfach nicht dulden." Er beschließt, am Montag noch einmal in Ruhe mit ihm zu sprechen.

Als Marco auf dem Heimweg ist, legt sich seine Wut so langsam und er kommt ins Grübeln. *Was hat mein Chef nur gemeint? Wie kann er mich denn so furchtbar beleidigen? Ich bin doch eindeutig im Recht,* denkt Marco. *450 Euro mehr sind wirklich nicht die Welt.* Na ja, vielleicht hatte er wirklich nicht ganz genau zugehört, was zu tun ist. Klar, er war noch in der Ausbildung und musste noch einiges dazulernen. Aber dass sein Chef seine Arbeit schlecht macht, das enttäuscht ihn doch sehr. Muss man sich denn alles gefallen lassen?

Rückblende: Welche Fehler hat Marco gemacht?

Haben Sie die Fehler von Marco auf Anhieb erkannt? Es gibt bestimmte „Lieblingsfehler" beim Thema Kritikfähigkeit, die man leicht begeht – ob aus Unsicherheit, Gedankenlosigkeit oder Unwissen. Der Rückblick erklärt Marcos Erlebnisse. Wie wäre es richtig gewesen? Marco hat in diesem Kritikgespräch gefühlsmäßig überreagiert. Er hat sich persönlich angegriffen gefühlt und war nicht mehr in der Lage, die Kritik seines Chefs sachlich zu behandeln. Dies hat die Situation hochgeschaukelt, aber nicht geklärt. Auf den folgenden Seiten erfahren Sie, wie Sie es besser machen.

Stichpunkt: Ort und Zeit für Kritikgespräche

Als Marco erfährt, dass Herr Beier sauer auf ihn ist, spricht er seinen Vorgesetzten ohne Rücksicht auf Zeitpunkt und Ort einfach am Kaffeeautomaten darauf an.

Grundregel

Kritikgespräche sind schwierig und gehen Außenstehende nichts an. Deshalb sollten sie nicht in der Öffentlichkeit stattfinden. Um dies sicherzustellen, ist es empfehlenswert, ein solches Gespräch anzukündigen, zum Beispiel so: „Ich höre, dass Sie etwas mit mir besprechen wollen. Wann passt es bei Ihnen? Wo wollen wir uns treffen?“ Mehr dazu lesen Sie auf der Seite 162.

Stichpunkt: Kritik persönlich nehmen

Marco kann nicht zwischen sachlicher Kritik und einem Angriff auf seine Person unterscheiden. Das führt dazu, dass er bereits die erste kritische Äußerung seines Vorgesetzten als persönlichen Angriff missversteht und entsprechend aufbrausend reagiert.

Grundregel

Wenn man kritisiert wird, ist es wichtig, sich auf das angesprochene Problem zu konzentrieren und die Kritik nicht auf die eigene Person als Ganzes zu beziehen. Nur so gelingt eine sachliche Betrachtungsweise. Mehr dazu lesen Sie ab Seite 150.

Stichpunkt: Gesprächsunterbrechungen

Marco hat sein Temperament nicht unter Kontrolle. Er will sich verteidigen und fällt Herrn Beier während des Gesprächs mehrfach ins Wort.

Grundregel
Bevor man auf Vorwürfe reagiert, sollte man erst genau zuhören, was der andere zu sagen hat. Gerade bei Kritikgesprächen sind voreilige Unterbrechungen nicht nur grob unhöflich, sondern schädlich, weil dadurch schnell ein gereiztes Gesprächsklima entsteht. Dies erschwert es beiden Gesprächsteilnehmern, sachlich zu bleiben. Mehr dazu lesen Sie auf der Seite 152.

Stichpunkt: Andere beschuldigen
Marco kritisiert seinen Kollegen Jens in dessen Abwesenheit und beschuldigt ihn, nicht gut zu arbeiten.
Grundregel
Die Schuld für eigenes Fehlverhalten auf andere abzuwälzen, geht gar nicht – und nützt auch nichts. Es wirft nur ein schlechtes Licht auf einen selbst, weil diese Strategie von anderen leicht zu durchschauen ist. Mehr dazu lesen Sie ab Seite 155.

Stichpunkt: Verallgemeinerung
Marco ist der Meinung, dass Herr Beier ihn sowieso nicht leiden kann.
Grundregel
Konzentrieren Sie sich unbedingt auf den konkreten Inhalt der Vorwürfe. Es bringt nichts, allgemeine Behauptungen aufzustellen oder vergangene Situationen wieder aufzuwärmen. Damit dreht sich das Gespräch nur im Kreis – ohne Ergebnis. Mehr dazu lesen Sie ab Seite 150.

Stichpunkt: Gegenangriff
Marco kritisiert das Unternehmen wegen der altmodischen Auftragsabwicklung, um damit vom eigenen Fehlverhalten abzulenken.

Grundregel

Mit Gegenkritik zu reagieren – egal zu welchem Thema – ist nicht hilfreich, weil es den anderen noch mehr aufstachelt und die Stimmung des Gesprächs damit weiter verschlechtert. Mehr dazu lesen Sie ab Seite 152.

Stichpunkt: Abgang

Marco stürmt aus dem Büro von Herrn Beier hinaus, ohne das Gespräch zu beenden und sich zu verabschieden.

Grundregel

Auch für unangenehme Gespräche gilt: Man muss sie aushalten können und darf sie nicht einfach plötzlich abbrechen. Am Arbeitsplatz ist es wichtig, Kritikgespräche versöhnlich zu beenden, indem man zum Beispiel das weitere Vorgehen bespricht. Dadurch finden beide Gesprächspartner wieder zu einer „normalen“ beruflichen Beziehung. Schließlich muss man ja weiterhin zusammenarbeiten. Mehr dazu lesen Sie ab Seite 157.

Kompaktwissen Kritikfähigkeit

Was versteht man unter Kritikfähigkeit?

Der Begriff „Kritikfähigkeit“ hat zwei Bedeutungen:

1. Die Fähigkeit, Kritik sachlich entgegenzunehmen und daraufhin das eigene Verhalten zu überprüfen. Wem dies gelingt, der beweist Lernfähigkeit und nutzt damit die Möglichkeit, sich weiterzuentwickeln.
2. Die Fähigkeit, Kritik sachlich auszusprechen, um zu erreichen, dass die kritisierte Person ihr Verhalten künftig ändert, ohne sich persönlich angegriffen zu fühlen.

Wer gelernt hat, bei Kritik von anderen sachlich zu bleiben und auch Kritik an anderen auf konstruktive Weise zu äußern, fördert nicht nur ein gutes Arbeitsklima, sondern nutzt die Chance, immer wieder dazuzulernen. Kurz: Dieser Mensch beherrscht auch in schwierigen Situationen die sozialen Spielregeln im Beruf.

Was hat Kritikfähigkeit mit dem Beruf zu tun?

Überall, wo Menschen zusammenarbeiten, gehört Kritik zum Arbeitsalltag, denn wer arbeitet, macht auch mal Fehler. Dies betrifft jeden – ein Leben lang.

Kritik verbindet man meistens mit unangenehmen Gefühlen. Zu Unrecht. Wer kritisiert, tut das in der Regel deswegen, weil er hofft, dass der Kritisierte sein Verhalten ändert. Und wenn man kritisiert wird, wird man dadurch auf Dinge aufmerksam gemacht,

- die man falsch gemacht hat,
- die man unabsichtlich versäumt hat,
- die einen anderen stören.

Kritik ist also zunächst für einen selbst eine hilfreiche Reaktion, denn man erhält die Chance, es künftig besser zu machen. Andererseits ist Kritik an Ihrer Arbeit oder Ihrem Verhalten im Interesse des Unternehmens notwendig und verfolgt dabei zwei Ziele:

- Verbesserung der Arbeitsleistung: Damit ist die Steigerung Ihrer persönlichen Arbeitsleistung gemeint – und damit auch eine bessere Gesamtleistung des Unternehmens.
- Qualitätssicherung der Ausbildung: Schließlich wollen Sie ja Ihren Beruf richtig erlernen und nach Abschluss Ihrer Ausbildung als Fachkraft tätig sein.

Seien Sie also nicht überempfindlich, wenn Ihr Chef oder Ihre Chefin Sie wegen eines Fehlers ermahnt. Dies geschieht nicht aus einer bösen Absicht heraus. Kolleginnen, Kollegen oder Vorgesetzte üben Kritik, weil Fehler und Unachtsamkeiten oft weitreichende Auswirkungen auf den Arbeitsablauf haben – die Sie vielleicht noch nicht überblicken und die erhebliche Nachteile für das Unternehmen mit sich bringen können. Was das für Auswirkungen sein können, lesen Sie im Kapitel „TEAM – Toll, ein anderer macht's" ab Seite 99.

In größeren Firmen haben Ihre direkten Vorgesetzten auch wieder Vorgesetzte, die sie über die Arbeitsergebnisse der Abteilung informieren müssen. Und dabei bekommen auch sie selbst immer wieder Kritik ab, wenn Fehler passiert sind. Es ist also verständlich, dass Ihr Vorgesetzter dies vermeiden möchte.

Auch wenn es nicht immer leicht fällt, zu akzeptieren: Gehen Sie davon aus, dass die meisten Ihrer Kolleginnen und Kollegen einfach mehr Berufserfahrung haben als Sie und viele Dinge wissen, die Sie erst lernen müssen. Tun Sie sich selbst einen Gefallen und versuchen Sie, der Kritik an Ihrem Handeln etwas Positives abzugewinnen. Auf der anderen Seite ist es auch wichtig, dass Sie Kritik angemessen aussprechen. So können Sie geschickt Ihre eigenen Ideen einbringen und Ihr Engagement unter Beweis stellen.

Wie kann man durch Kritik lernen?

Jeder Mensch hat das Recht, Fehler zu machen. Dazu muss man aber auch zu diesen Fehlern stehen und darf diese nicht unter den Teppich kehren. Wer glaubt, keine Fehler machen zu dürfen, nimmt sich selbst die Möglichkeit, daraus zu lernen. Seien Sie dankbar und nehmen Sie es als ein gutes Zeichen, wenn Sie kritisiert werden – auch wenn das zunächst merkwürdig klingt und einem oft schwerfällt.

Haben Sie schon einmal überlegt, dass es auch Menschen gibt, die sich die Mühe des Kritisierens gar nicht erst machen? Schließlich ist ein Kritikgespräch auch für denjenigen nicht angenehm, der andere kritisiert. Manche Menschen gehen einem möglichen Konflikt lieber aus dem Weg und schweigen – auch Ihnen gegenüber. Dafür beschweren sie sich dann möglicherweise bei anderen über Sie. Was ist Ihnen also lieber? Ein Mensch, der Sie kritisiert, hat immerhin Interesse an Ihnen und Ihrer Entwicklung und macht sich auch die Mühe, die Kritik Ihnen gegenüber auszudrücken. Dies gilt unter der Voraussetzung, dass die Kritik berechtigt ist und nicht auf beleidigende Weise ausgesprochen wird.

Wie geht man sachlich damit um, wenn andere einen kritisieren?

Natürlich ist es keine angenehme Situation, über eigene Missgeschicke und ihre Folgen sprechen zu müssen, keine Frage. Aber man kann lernen, sachlich und angemessen darauf zu reagieren – anstatt gleich an die Decke zu gehen. Und ebenso können Sie trainieren, selber Kritik so zu äußern, dass Sie von Ihrem Gegenüber auch angenommen werden kann. Wie das geht, erfahren Sie auf den nächsten Seiten.

Worauf kann sich die Kritik richten?

Am Arbeitsplatz gibt es drei Ansatzpunkte für Kritik:

- Kritik an Verhalten und Umgangston
- Kritik an der äußeren Erscheinung
- Kritik an der geleisteten Arbeit

Dabei kann die Kritik auch Bereiche berühren, die man sehr persönlich nimmt. Dann ist es schwer, ruhig und sachlich zu bleiben. Stellen Sie sich zum Beispiel folgende Situationen vor:

- Kunden beschweren sich über Ihren rauen Ton am Telefon.
- Ihre Vorgesetzte wirft Ihnen vor, dass Sie bei Ihrer Arbeit einfach zu langsam sind.
- Ein Kollege beschwert sich über Ihre unordentlichen Arbeitsunterlagen.

Unangenehme Situation, oder? Aber mal ganz ehrlich: Ist es nicht besser, wenn jemand Sie auf diese Situationen anspricht? Schließlich erhalten Sie nur so die Gelegenheit, auf diesen Zustand, der andere nervt, zu reagieren.

So sieht die Alternative aus: Keiner sagt etwas und Sie denken: *Super, alles in bester Ordnung.* Dafür blühen aber Klatsch und Tratsch hinter Ihrem Rücken – und Sie wissen nicht einmal, warum. Also lieber der Kritik etwas Positives abgewinnen. Wie das funktioniert, kann man lernen. Wenn Sie die folgenden Tipps beachten, sind Sie schon auf dem richtigen Weg.

Wovon hängt es ab, ob man Kritik annehmen kann?

Niemand wird gern kritisiert. Das ist klar. Aber Sie haben sicher auch schon an sich selbst festgestellt, dass man oft ganz unterschiedlich auf Kritik reagiert? Zwei Beispiele veranschaulichen dies:

- Die Kritik des besten Freundes, der einem das Tennisspielen beibringt und einen dabei häufig verbessert, empfindet man als hilfreich.
- Die Kritik der Kollegin, die einen auf Rechtschreibfehler im Geschäftsbrief aufmerksam macht, macht einen wütend.

Woher kommt dieser Widerspruch? Hierzu macht man sich am besten klar, dass es von verschiedenen Umständen abhängt, wie man Kritik annimmt.

Von der Person des Kritikers oder der Kritikerin

Es ist leichter, Kritik von Personen zu akzeptieren, die man als Mensch achtet und hoch schätzt. Umgekehrt geht man schnell in Abwehrhaltung, wenn die Person für einen kein Vorbild darstellt oder man sie ganz einfach nicht leiden kann. Achten Sie einmal darauf. Dann kommen Sie sich selbst auf die Schliche, warum Sie Kritik unterschiedlich aufnehmen.

Vom Verhältnis zu unseren Eltern oder Lehrerinnen und Lehrern

Manchmal fühlt man sich bei Kritik auch an die Eltern oder an eine strenge Lehrerin erinnert. Schnell kommen einem Erinnerungen an vermurkste Klassenarbeiten und schlechte Noten in den Sinn. Oder man hat noch den Ton der Eltern im Ohr, wenn sie sich über die Unordnung aufgeregt haben. Wenn sich eine ähnliche Situation dann im Erwachsenenalter wiederholt, kann es leicht passieren, dass man spontan in Abwehrhaltung geht, beleidigt reagiert oder sich ungerecht behandelt fühlt. Diese Erlebnisse aus der Vergangenheit haben aber nichts mit Kritiksituationen der Gegenwart zu tun. Sie sind schließlich kein Kind mehr, sondern haben sich inzwischen als Person weiterentwickelt – und reagieren entsprechend.

Vom eigenen Temperament

Unsichere Menschen reagieren häufig besonders empfindlich auf Kritik, auch bei geringfügigen Anlässen. Denn wenn man sich angegriffen fühlt, neigt man schnell zu heftigen Reaktionen, die allerdings bei anderen als völlig überzogen rüberkommen. Dies gilt übrigens auch für sehr temperamentvolle Menschen, die schnell Dinge sagen, die sie hinterher bereuen.

Warum ist es wichtig, sachlich und gelassen mit Kritik umzugehen?

Die meisten Menschen gehen bei Kritik sofort in Abwehrhaltung und versuchen, sich zu verteidigen. Oder sie regen sich richtig auf oder sind dann tagelang beleidigt. Dies verschlimmert die Lage nur. Wenn Sie so reagieren, nehmen Ihre Vorgesetzten Sie als unbeherrschten und überempfindlichen Menschen wahr, der seine Gefühle am Arbeitsplatz nicht unter Kontrolle hat. Dieser Eindruck schadet Ihnen.

Wer auf Kritik unsachlich und übertrieben reagiert, macht sich bei zukünftigen Situationen angreifbar und durchschaubar. Dann muss der Gesprächspartner quasi nur noch „auf den richtigen Knopf" drücken, um Sie „auf hundertachtzig" zu bringen ...

Wenn Kritikgespräche aus dem Ruder laufen, ist dies außerdem schlecht für das Betriebsklima. Gereizte Stimmung überträgt sich auch auf andere. Sie sollten keinesfalls zu gefühlsbetont auf Kritik reagieren, zum Beispiel durch zurückkritisieren, alles abstreiten, einen Sündenbock für den Fehler suchen, schmollen oder den anderen beleidigen.

Bei der Auseinandersetzung mit Kritik ist es vielmehr empfehlenswert, diese in sachliche und gefühlsmäßige Aspekte zu trennen. Das klingt einfach, braucht aber Übung. Man schafft es dadurch, dass man erst einmal herausfindet, was eigentlich vorgefallen ist.

Wie bekommen Sie heraus, was eigentlich los ist?

Hören Sie zu und lassen Sie Ihr Gegenüber ausreden. Wenn es sich um eine temperamentvolle Person handelt, ist es immer besser, zu warten, bis die Person sich erst einmal Luft über ihren Ärger gemacht hat. Erst dann ist sie aufnahmefähig für eine sachliche Auseinandersetzung. Deshalb unterbrechen Sie Ihr Gegenüber nicht, sondern hören Sie erst einmal zu.

Wenn Sie die ausgesprochene Kritik inhaltlich nicht verstanden haben oder wenn Sie diese als zu ungenau empfinden, fragen Sie ruhig und gelassen nach:

„Was meinen Sie genau damit?"

„Was habe ich konkret versäumt?"

„Können Sie mir bitte noch einmal erläutern, worin der Fehler besteht?"

„Wie hätte ich es besser machen können?"

Jetzt hat Ihr Gegenüber die Gelegenheit, genau zu beschreiben, was Sie falsch gemacht haben. Wenn der Vorwurf dann auf dem Tisch liegt, haben Sie alle Informationen zur Verfügung, um auch angemessen reagieren zu können.

Daraus ergeben sich grundsätzlich zwei Kritiksituationen:

- Die Kritik ist Ihrer Meinung nach berechtigt.
- Die Kritik ist Ihrer Meinung nach unberechtigt.

Wie geht man mit berechtigter Kritik um?

Sie haben Mist gebaut und Sie wissen, dass Ihr Chef oder Ihre Chefin mit der Kritik recht haben. Die Angelegenheit ist Ihnen ziemlich unangenehm. Und Sie wollen schnell aus dieser Sache raus. So bekommen Sie es hin:

Das Fünf-Punkte-Programm zur Annahme berechtigter Kritik:

1. Sprechen Sie in der Ich-Form und verstecken Sie sich nicht hinter Floskeln wie „man sollte dann aber ... “ oder „jemand müsste dann mal ...“

2. Geben Sie Ihren Fehler zu, wenn Sie ihn tatsächlich begangen haben.

3. Bitten Sie kurz um Entschuldigung.

4. Überlegen Sie, was Sie jetzt sofort tun können, um den Fehler zu beheben oder den Schaden zu begrenzen – und schlagen Sie das vor bzw. tun Sie es.

5. Überlegen Sie, wie Sie diesen Fehler zukünftig vermeiden können und teilen Sie dies mit.

Damit Ihre Entschuldigung auch glaubwürdig rüberkommt, achten Sie auf Ihre Körperhaltung. Versuchen Sie, trotz der Anspannung locker zu bleiben. Lächeln Sie auch mal und achten Sie auf Ihre Stimme und Tonart. Wenn Sie zu schnell oder undeutlich sprechen, wirkt Ihre Entschuldigung wie auswendig gelernt und nicht ehrlich gemeint. Es fehlt ihr einfach an Glaubwürdigkeit und die gewünschte Wirkung verpufft.

Außerdem gilt: Eine Entschuldigung ist immer nur der erste Schritt. Sie ist keine Allzwecklösung, zu der man immer wieder greifen kann, wenn etwas schief gelaufen ist. Nach dem Motto: „Es ist alles wieder gut. Ich habe mich ja schließlich entschuldigt." Eine Entschuldigung ist nichts weiter als ein Versprechen, es in Zukunft besser zu machen. Achten Sie darauf, dass Sie es auch einlösen.

Beispiele für Einleitungssätze bei berechtigter Kritik:

„Ich verstehe, dass dieses Missgeschick Ärger verursacht hat. Damit ich es das nächste Mal besser machen kann, benötige ich rechtzeitig die folgenden Informationen ..."

„Ich sehe ein, dass ich hier einen Fehler gemacht habe. Allerdings wusste ich nicht, dass dies meine Aufgabe war. Ich dachte, Frau XY hat dies schon überprüft."

„Es tut mir wirklich leid, wie die Angelegenheit verlaufen ist, aber ich benötige hierbei noch Ihre Unterstützung. Können Sie mir konkrete Hinweise geben, wie ..."

Wie geht man mit unberechtigter Kritik um?

Ein Fehler ist passiert, Ihr Vorgesetzter ist stinksauer, und zu allem Unglück macht er auch noch Sie dafür verantwortlich. Das kann immer mal vorkommen. Die Sache ist nur die: Sie sind sich keiner (Allein-)Schuld bewusst und empfinden die Kritik an Ihrer Arbeit als unberechtigt. Wenn Sie (teilweise) zu Unrecht kritisiert werden, kann das folgende Gründe haben:

- Die zu erledigende Aufgabe wurde ungenau beschrieben und Sie haben vergessen, genau nachzufragen.
- An dem Fehler waren mehrere Personen beteiligt.
- Den Fehler hat überhaupt ein anderer Kollege oder eine andere Kollegin zu verantworten.
- Sie haben von anderen unrichtige Informationen bekommen, und dementsprechend gehandelt.
- Die Erwartungen Ihres Vorgesetzten waren in diesem Fall einfach zu hoch im Vergleich zu Ihrem Ausbildungsstand.

Reagieren Sie in diesem Fall wie folgt:

Das Fünf-Punkte-Programm zum Umgang mit unberechtigter Kritik:

1. Drücken Sie aus, dass Sie sehr gut den Ärger über die schlechte Arbeitsleistung/den Fehler/das Versäumnis verstehen.
2. Sagen Sie, dass Sie die Kritik an Ihrer Person als unberechtigt empfinden.
3. Geben Sie Ihren Vorgesetzten die entsprechenden Informationen, die diese benötigen, um das Geschehen richtig einzuschätzen, z. B. zu anderen Beteiligten an diesem Vorgang oder zu Ihren Beobachtungen.
4. Überlegen Sie, was Sie trotzdem jetzt sofort tun können, um den Fehler zu beheben oder den Schaden zu begrenzen – auch wenn Sie selbst nicht dafür verantwortlich sind. Und: Tun Sie es.
5. Vermeiden Sie anklagende „Sie-Sätze“, sprechen Sie lieber in der „Ich-Form“.

Hier ist Fingerspitzengefühl gefragt. Auch wenn es schwer fällt: Bemühen Sie sich, einen kühlen Kopf zu bewahren, auch wenn Sie sich ungerecht behandelt fühlen. Folgende Formulierungen helfen Ihnen dabei:

Beispiele für Einleitungssätze bei unberechtigter Kritik:

„Mir ist klar, dass die Sache vollkommen schief gelaufen ist, und ich verstehe, dass Sie verärgert sind. Allerdings war es nicht möglich, den Termin einzuhalten, weil ..."

„Das ist wirklich eine unangenehme Geschichte. Allerdings muss hier eine Verwechslung vorliegen. Als das passiert ist, war ich nämlich in der Mittagspause."

„Ich habe verstanden, dass Sie mit dem Ergebnis nicht zufrieden sind. Zu meiner Entschuldigung kann ich vorbringen, dass ich die Berechnung mit Ihrer Stellvertreterin abgestimmt habe. Und die fand es so in Ordnung."

Was tun, wenn die Situation droht, aus dem Ruder zu laufen?

Es kann auch passieren, das Ihre Bemühungen, das Gespräch ruhig und sachlich zu führen, zunächst keinen Erfolg haben: Wenn nämlich Ihre Gesprächspartnerin oder Ihr Gesprächspartner sich nicht im Griff haben und herumbrüllen, so dass Sie das Gefühl bekommen: Hier kommen wir heute nicht weiter. Dann ist es in Ausnahmefällen empfehlenswert, eine Rückzugstrategie einzuschlagen. In diesem Fall – und wirklich nur in diesem – können Sie von sich aus eine Beendigung des Gesprächs ankündigen. Wichtig ist, dass Sie selbst ruhig, beherrscht und höflich auftreten und nicht wutentbrannt und wortlos davonrennen.

Die folgenden Formulierungen des „Notausstieg-Programms" helfen Ihnen dabei.

„Ich schlage vor, ich komme später noch einmal auf Sie zu. Dann können wir in Ruhe über die Angelegenheit reden."

„Ich sehe, Sie sind sehr aufgebracht. Ich werde später noch einmal zu Ihnen kommen, damit wir in Ruhe darüber sprechen können."

„Ich muss das jetzt erst einmal verdauen. Sind Sie damit einverstanden, dass wir morgen weiter darüber sprechen?"

Dazu gehört es aber unbedingt, sich zum vereinbarten Zeitpunkt auch wirklich wieder zu melden und um einen erneuten Gesprächstermin zu bitten.

Mit diesem Verhalten zeigen Sie, dass Sie konstruktiv mit Kritik umgehen können. Sie verdeutlichen damit auch, dass Sie sich für die Abläufe im Unternehmen interessieren. Machen Sie sich immer bewusst: Als Azubi hat man das Recht, Fehler zu machen. Fehler sind sogar unbedingt notwendig, denn daraus lernen Sie. Entscheidend für die Einschätzung Ihrer Person und das Verhältnis zu Ihren Vorgesetzten, Kolleginnen und Kollegen ist es aber auch, wie Sie sich verhalten, wenn Sie wegen dieser Fehler kritisiert werden.

Machen Sie sich klar, dass für die meisten Menschen eine Situation, in der Sie Kritik aussprechen müssen, ähnlich unangenehm ist wie für denjenigen, der die Kritik abbekommt. Wenn Sie also ruhig zuhören und nachfragen, statt unüberlegt zum Angriff überzugehen, signalisieren Sie Ihrem Gegenüber Interesse und Kooperationsbereitschaft. Das heißt noch nicht, dass Sie die Kritikpunkte anerkennen. Es zeigt lediglich, dass Sie bereit sind, sich damit auseinanderzusetzen. Wer sein Gegenüber ernst nimmt, macht es sich und dem anderen leichter, über die Dinge zu sprechen, die falsch gelaufen sind.

Wie kann man Kritik zuvorkommen?

Wenn Sie bemerken, dass Sie einen Fehler gemacht haben, bevor es andere tun, fassen Sie sich ein Herz und geben Sie den Fehler von sich aus zu. Warten Sie nicht ab nach der Devise „Vielleicht merkt es ja keiner". Wer sich entschließt, freiwillig einen Fehler einzugestehen, nimmt dem anderen den Wind aus den Segeln und zeigt Rückgrat. Das kostet Überwindung, keine Frage. Probieren Sie es dennoch aus. Sie werden erleben, dass dieses Verhalten positiv bewertet wird. Wenn Sie aus diesem Fehler lernen und ihn künftig nicht wiederholen, ist es natürlich noch besser.

Wie lässt sich versteckte Kritik erkennen?

Manchmal wird Kritik so vermittelt, dass man sie gar nicht sofort als solche erkennt. Man wundert sich nur, dass die Stimmung am Arbeitsplatz angespannt ist und dass es immer wieder zu Reibereien mit anderen kommt. Das trübt das Betriebsklima und stört die Konzentration. Man merkt zwar, dass irgendetwas nicht stimmt, weiß aber nicht genau, was es ist. Wenn Sie dagegen versteckte Kritik von anderen wie eine Geheimsprache entschlüsseln können, können Sie auf versteckte Vorwürfe reagieren.

Wie kann sich Kritik in der Sprache verstecken?

Nicht jeder Mensch sagt im „Klartext", was er eigentlich genau meint. So funktioniert versteckte Kritik:

- Angebliches Lob, das keines ist.
- Mitfühlende Bemerkungen, die geheuchelt sind.
- Bemerkungen, die erst mal lustig klingen, aber eigentlich beleidigend sind.

Sprachliche Beispiele für versteckte Kritik:

„Das haben Sie ja suuuper hingekriegt! Zeigen Sie mir mal, wie Sie das gemacht haben."

„Ah, Herr Müller, heute wieder so sportlich im Trainingsoutfit! Ist der Marathon nicht erst am Wochenende?"

„Oh, Frau Maier, das sind aber tolle Schuhe! Muss man bei diesen hohen Absätzen nicht erst eine Gehprüfung ablegen?"

„Na, das ist ja mal eine originelle Unterschrift. Das sieht ja aus, als wären Ameisen übers Blatt gelaufen. Aber wer's mag ..."

„Ihr Kundengespräch eben war ja sehr aufschlussreich. Sie haben der Kundin zwar unrichtige Informationen zu dieser Bohrmaschine gegeben, aber Hauptsache verkauft, oder?"

Beim Entschlüsseln dieser versteckten Kritik hilft es, auf den Tonfall zu achten. Gerade wenn sie übertrieben freundlich rüberkommt, ist Vorsicht geboten. Dann ist die Botschaft meistens nicht so positiv gemeint, wie es zunächst den Anschein hat. Möglicherweise bahnt sich sogar eine Auseinandersetzung an. Aber Sie sind jedenfalls gewarnt.

Wie drückt sich Kritik durch Körpersprache aus?

Um versteckte Kritik zu erkennen, hilft es auch, auf die Körperhaltung zu achten, die der andere Ihnen gegenüber einnimmt. In den meisten Fällen kann man da ruhig seinem Bauchgefühl vertrauen. Menschen können sich nur in den seltensten Fällen ganz verstellen. Man kann mit dem Willen beeinflussen, was man ausspricht. Wenn es der eigenen Ansicht aber komplett widerspricht, zeigt sich dies in bestimmten Körpersignalen. Wenn Ihnen also jemand etwas Positives mitteilt und gleichzeitig widersprüchliche Signale sendet, sollten Sie genauer hinhören – und hinschauen.

Beispiele für Körpersignale, die Kritik ausdrücken:

- plötzlich nicht mehr weiterreden
- Blickkontakt vermeiden und woanders hinschauen
- die Arme vor der Brust verschränken
- sich an die Stirn tippen
- mit den Augen rollen
- die Augenbrauen hochziehen
- die Backen aufblasen
- mit den Händeln wedeln und abwinken

In diesen Fällen drückt jemand Ihnen gegenüber eine kritische Haltung aus – ohne seine Meinung ehrlich auszusprechen. Dann ist es ratsam, noch mal genau nachzufragen.

Wie äußert man selber Kritik auf konstruktive Weise?

Man muss nicht nur Kritik einstecken können. Es ist auch wichtig, Kritik zu üben, wenn Sie es für notwendig halten. Aber auch das will gelernt sein. Als Azubi sollten Sie nicht andauernd andere kritisieren und verbessern. Selbstverständlich können Sie aber (fachliche!) Kritik äußern, wenn Ihnen Dinge auffallen, die im Unternehmen zum Beispiel schlecht organisiert sind und für die Sie einen realistischen (!) Verbesserungsvorschlag parat haben. Sie werden merken, dass man gerade als „Neuzugang" Abläufe viel klarer erkennt und dass einem oft spontan Verbesserungsvorschläge einfallen. Doch Vorsicht: Wer als „Youngster" Kritik äußert, sollte zurückhaltend vorgehen, damit die Kritik nicht als Nörgelei oder Besserwisserei missverstanden wird. Denn so sammeln Sie keine Punkte. Bleiben Sie ruhig und sachlich, dann werden Sie niemanden vor den Kopf stoßen.

Wann und wo sollten Kritikgespräche geführt werden?

Wenn Sie Dinge zu kritisieren haben, sind dabei die folgenden Regeln hilfreich:

- Kritisieren Sie andere nicht in Gegenwart Dritter. Das setzt Ihren Gesprächspartner unnötig herab.
- Wählen Sie einen günstigen Zeitpunkt. Achten Sie darauf, dass der Kritisierte nicht in Zeitnot ist. Sonst ist er mit seinen Gedanken woanders und hört Ihnen nur mit halbem Ohr zu.

Wer Vorschläge macht oder Anregungen formuliert, anstatt Forderungen zu stellen, fördert eine positive Gesprächsstimmung. Damit erhöht sich die Chance, dass die Kritik gehört und angenommen wird. Und das sollte ja das Ziel eines Kritikgesprächs sein. Stellen Sie sich am besten zuerst die Frage: Was will ich mit meiner Kritik erreichen? Denn wenn Sie die Kritik nur äußern, um Dampf abzulassen, fördert dies eher das Gegenteil.

Was kommt bei anderen nicht gut an?

Auch wenn Sie von der Richtigkeit Ihrer Kritik vollkommen überzeugt sind, sollten Sie folgende Verhaltensweisen vermeiden:

- Persönliche Angriffe: „Kein Wunder, dass Sie das nicht wissen, in Ihrem Alter ist man halt nicht mehr auf dem Laufenden."
- Unbeherrschtheit und Kraftausdrücke: „Mein Gott, wie kann man nur so bescheuert sein!"
- Arrogantes Auftreten: „Ich weiß ja nicht, wo Sie Englisch gelernt haben, aber dieses Wort spricht man so aus."
- Verallgemeinerungen: „Immer bleibt es an mir hängen."
- Rundumschläge: „Diese veraltete Computertechnik taugt ja sowieso nichts."

- Schreien: Wenn man unbeherrscht herumbrüllt, zeigt man dem anderen damit nur, dass man sich nicht unter Kontrolle hat – und dass einem wohl die sachlichen Argumente fehlen.
- Handgreiflichkeiten: Auch bei großer Erregung darf man sich nie zu Übergriffen auf die andere Person hinreißen lassen. Hierzu gehört schon, jemanden am Arm zu berühren, ihn an der Schulter anzufassen oder ihn wegzustoßen.
- Gegenstände hinknallen: Egal ob Kaffeetassen, Aktenordner, Schraubenschlüssel oder Computertastatur. Wenn Sie sich unbedingt abreagieren müssen, bitte nur in Abwesenheit anderer und selbstverständlich ohne Firmeneigentum zu beschädigen.

Wer auf solche Weise Kritik übt, erreicht gar nichts. Ihr Gegenüber reagiert ablehnend oder beleidigt und verschließt sich jetzt erst recht Ihrer Kritik. Sie setzen sich sogar unter Umständen selbst ins Unrecht.

Wie erreicht man, dass Kritik angenommen wird?

Nachdem Sie jetzt wissen, wie man andere auf keinen Fall kritisieren sollte, finden Sie auf den folgenden Seiten die wichtigsten Tipps, wie Sie es besser rüberbringen:

- Leiten Sie die Kritik mit einer positiven Äußerung ein, beispielsweise „Ich möchte dazu noch etwas hinzufügen, das mir aufgefallen ist."
- Bleiben Sie in Ihrer Kritik bei Tatsachen und konkreten Situationen. So ist die Kritik auch für andere nachvollziehbar.
- Wenn Sie sich bei der Einschätzung der Situation geirrt haben, geben Sie dies auch zu.
- Machen Sie sinnvolle Verbesserungsvorschläge, wie diese Situation geändert werden kann.
- Lassen Sie dem Kritisierten einen Ausweg oder bieten Sie ihm eine Lösung an, bei der er sein Gesicht behält, besser noch: Suchen Sie gemeinsam nach einer Lösung.

- Bemühen Sie sich um einen ruhigen Tonfall und ein langsames Sprechtempo.
- Lächeln Sie zwischendurch mal.

Wie formuliert man Kritik im Gespräch?

Oft scheitern Kritikgespräche daran, dass der Kritisierende dem anderen einen Fehler oder ein Fehlverhalten vorwirft – obwohl er vielleicht gar nicht alle Informationen hierzu besitzt. Diese Form des Kritikgesprächs ist gekennzeichnet durch die sogenannten „Sie-Botschaften". Beispiele dafür sind:

> „Sie haben mich total falsch verstanden."
>
> „Sie unterbrechen mich andauernd."
>
> „Sie glauben mir einfach nicht, dass es so war."
>
> „Sie haben keine Ahnung, wie viel Arbeit ich habe."
>
> „Sie nerven mich mit Ihrer ständigen Kontrolle."
>
> „Sie sind ungerecht bei der Urlaubsplanung."

Wer auf diese Weise die eigenen Fehler unter die Nase gerieben bekommt, fühlt sich angegriffen, kann aber möglicherweise mit diesen Anschuldigungen gar nichts anfangen. Die Lage verschlimmert sich, wenn beide Gesprächspartner Sie-Botschaften verwenden.

Die Wirkung von Sie-Botschaften

- Sie-Botschaften greifen Ihr Gegenüber an. Das fördert den Widerstand gegen die Meinung des anderen.
- Sie-Botschaften bewirken sofort negative Gefühle und können unnötigen Streit auslösen.
- Sie-Botschaften vermitteln Respektlosigkeit und mangelnde Wertschätzung.

Sie-Botschaften verschlechtern die Gesprächsstimmung. Das verringert die Chancen, das Gespräch sachlich zu führen. Empfehlenswert für Kritikgespräche sind stattdessen die sogenannten „Ich-Botschaften".

Die Wirkung von Ich-Botschaften

Ich-Botschaften ermöglichen weiterhin eine gute persönliche Beziehung trotz sachlicher Meinungsverschiedenheiten. Wenn Sie Ihrem Gesprächspartner die Situation als Ich-Botschaft schildern, beschreiben Sie die Lage, so wie Sie sie selbst empfinden. Damit erreichen Sie Folgendes:

- Ich-Botschaften geben Ihre persönliche Meinung wieder und erzeugen so weniger Trotz und Abwehr.
- Ich-Botschaften machen klar, was bei Ihnen angekommen ist, und verurteilen nicht das Handeln des anderen.
- Ich-Botschaften fördern bei dem Kritisierten die Bereitschaft, über das eigene Handeln nachzudenken.

So verwandelt man Sie-Botschaften in Ich-Botschaften

Die Übersicht auf der folgenden Seite zeigt, wie sich Sie-Botschaften in Ich-Botschaften verwandeln lassen. Stellen Sie sich vor, wie Sie die Formulierungen in einem Gespräch erleben. Merken Sie den Unterschied?

Sie-Botschaft	Ich-Botschaft
„Sie haben mich total falsch verstanden.“	„Vielleicht habe ich mich hier nicht klar genug ausgedrückt.“
„Sie unterbrechen mich andauernd.“	„Ich bitte Sie, mich ausreden zu lassen.“
„Sie glauben mir einfach nicht, dass es so war, wie ich berichtet habe.“	„Bei mir kommt es so an, als ob Sie meinen Bericht anzweifeln.“
„Sie haben keine Ahnung, wie viel Arbeit ich habe.“	„Ich möchte gerne noch einmal zusammenfassen, was ich diese Woche alles erledigt habe.“
„Sie nerven mich mit dieser ewigen Kontrolle.“	„Ich empfinde Ihre Kontrolle als eine überflüssige Regel und möchte gerne ...“
„Sie sind ungerecht bei der Urlaubsplanung.“	„Ich habe den Eindruck, dass einige bei der Urlaubsplanung bevorzugt werden.“

Mit Ich-Botschaften tragen Sie Ihren Teil dazu bei, auch schwierige Kritikgespräche ruhig und konstruktiv zu bewältigen. Sie klagen Ihr Gegenüber nicht an, sondern sprechen von Ihrer eigenen Wahrnehmung. Damit lassen Sie dem anderen die Möglichkeit, den Sachverhalt auch aus seiner Sicht zu schildern, und provozieren ihn nicht unnötig. Schließlich möchten Sie ja mit Ihrer Kritik die Vermeidung eines Fehlers oder die Änderung einer Verhaltensweise erreichen.

Praxistest Umgang mit Kritik

Testen Sie jetzt Ihre neu erworbene Kritikfähigkeit! Beantworten Sie die folgenden Fragen, um das, was Sie gelernt haben, anzuwenden. Die Fragen schildern alltägliche Situationen, in denen Sie mit Ihrer Kritikfähigkeit positiv auffallen können. Die Auflösungen mit Erläuterungen lesen Sie ab Seite 173.

Frage 1
Ein Kollege findet eine Kundenrechnung nicht und beschuldigt Sie, die Rechnungen in der Ablage nicht richtig eingeordnet zu haben. Sie helfen ihm beim Suchen und entdecken, dass Sie die Rechnung tatsächlich unter einem falschen Buchstaben eingeordnet haben. Wie verhalten Sie sich?

A ☐ Ich hefte die Rechnung stillschweigend an den richtigen Platz und behaupte, der Kollege habe wahrscheinlich die falsche Brille aufgehabt.

B ☑ Ich händige ihm die Rechnung aus und entschuldige mich für das Versehen mit den Worten: „Das tut mir leid. Da muss ich in Zukunft wohl etwas besser aufpassen."

C ☐ Ich erwidere: „Ein ordentliches Haus verliert doch nichts. Die wird schon wieder auftauchen. Gibt's denn keine Kopie davon?"

Frage 2
Während der Morgenbesprechung stellt sich heraus, dass ein wichtiger Kundenauftrag nicht rechtzeitig ausgeführt wurde. Sie kommen als letzter zur Tür herein, weil Sie noch ein Kundengespräch geführt haben. Ihre Vorgesetzte regt sich fürchterlich auf. „Kein Wunder, dass hier nichts klappt, wenn sogar der Azubi kommt, wann er will!", ruft sie Ihnen entrüstet zu. Was tun Sie?

A ☑ Ich sehe, dass im Moment alle Gegenwehr zwecklos ist und setze mich wortlos auf meinen Platz. Nach der Besprechung gehe ich zu meiner Chefin und erkläre ihr den sachlichen Grund für mein Zuspätkommen.

B ☐ Ich bin empört über die ungerechtfertigte Bemerkung und weise meine Vorgesetzte sofort darauf hin, dass es sich nicht gehört, andere in Gegenwart Dritter zu kritisieren.

C ☐ Ich bin der Meinung „Soll die doch denken, was sie will, ich weiß ja, wie es sich wirklich verhält. Schließlich bin ich ja nur der Azubi" und tue gar nichts.

Frage 3

Sie haben einen Werbebrief entworfen, mit dem Ihr Unternehmen neue Kunden gewinnen will. An diesem Brief haben Sie den ganzen Vormittag lang gearbeitet und sind sehr zufrieden mit dem Ergebnis. Jetzt bittet Sie der Abteilungsleiter in sein Büro, um den Brief mit Ihnen zu besprechen. Sie sehen, dass die ganze Seite mit Korrekturen übersät ist. Ihr Chef hat den Text fast überall verbessert und fordert Sie auf, den Brief noch einmal zu schreiben. Wie reagieren Sie?

A ☐ Ich höre gar nicht richtig zu und denke: „Dieser alte Besserwisser. Der weiß doch gar nicht, was überhaupt läuft. Mein Brief war obercool."

B ☑ Ich sage: „Schade, ich fand ihn eigentlich schon ganz gut. Aber ich sehe ein, dass ich viele Punkte noch nicht berücksichtigt habe. Bis wann brauchen Sie denn die neue Version?"

C ☐ Ich bin mega-enttäuscht. Wortlos höre ich mir an, was der Abteilungsleiter zu sagen hat und trotte mit hängendem Kopf zurück an meinen Schreibtisch.

Frage 4
Ihr Kollege hat versprochen, für Sie eine Warensendung auszupacken und zu prüfen, weil Sie heute besonders viel zu tun haben. Am Abend stellen Sie fest, dass er dies nicht gemacht hat und schon Feierabend hat. Der Chef ist sauer und macht Sie für die unausgepackten Pakete verantwortlich. Was sagen Sie zu Ihrem Chef?

A ☐ „Da bin ich ganz Ihrer Meinung. Auch ich habe mich darauf verlassen, dass mein Kollege dies erledigt. Na, der kann was erleben!“

B ☑ „Ich verstehe, dass Sie deswegen verärgert sind. Aber ich dachte, der Aufbau der Verkaufssonderfläche für morgen ist wichtiger. Beides konnte ich nicht schaffen. Deswegen habe ich mit meinem Kollegen vereinbart, dass er dies für mich heute ausnahmsweise übernimmt.“

C ☐ „Ist ja kein Wunder, dass die Pakete stehen bleiben. Wir sind ja auch viel zu wenig Personal für die ganze Arbeit. Und ich als Azubi muss es jetzt ausbaden!“

Frage 5
Wie verhalten Sie sich in der in Frage 4 beschriebenen Situation gegenüber Ihrem Kollegen?

A ☐ Ich sage zu ihm: „Toll, wie man sich so auf seine Kollegen verlassen kann! Du bist wirklich ne echte Flachpfeife!“

B ☑ Ich sage zu ihm: „Wenn du deine Zusagen nicht einhalten kannst, dann sag es mir bitte rechtzeitig. Ich bin echt stinkig. Der Anschiss vom Chef war nicht von schlechten Eltern.“

C ☐ Ich sage gar nichts zu meinem Kollegen, denke aber: *Na, warte! Wenn der mal wieder von mir einen Gefallen will, lasse ich ihn aber so richtig gegen die Wand fahren.*

Frage 6
Der Werkstattmeister ermahnt Sie, künftig darauf zu achten, dass Sie am Ende des Arbeitstages sämtliches Werkzeug wieder an seinen Platz räumen und nicht bis zum nächsten Tag herumliegen lassen. Wie reagieren Sie?

A ❑ Ich erkläre dem Meister ausführlich, warum ich das für unnötig halte und warum das ganz schön altmodisch ist.

B ❑ Ich nicke, denke aber bei mir: *Das macht der doch nur, um wieder den Chef raushängen zu lassen. Die anderen räumen das Werkzeug auch nicht immer weg. Warum soll ich es dann tun?*

C ❑ Ich sage: „Ja, stimmt. Da habe ich gestern einfach nicht mehr daran gedacht. Heute Abend werde ich es bestimmt nicht vergessen."

Frage 7
Sie arbeiten in einem Fitnessstudio und helfen den Besuchern auch manchmal bei der Bedienung der Trainingsgeräte. Ihre Chefin bittet Sie in ihr Büro und wünscht ein klärendes Gespräch. Ein langjähriger Kunde hat sich über Ihren schnippischen Ton beschwert. Wie gehen Sie damit um?

A ❑ Ich bin mir keiner Schuld bewusst und sage: „Das verstehe ich nicht. Das muss er aber in den falschen Hals bekommen haben. Ich bin immer die Höflichkeit in Person."

B ❑ Ich habe schon eine Ahnung, wer es sein könnte, und frage nach: „Es kann sein, dass ich vielleicht ein wenig gereizt reagiert habe, aber Herr Wollmann war an diesem Tag besonders schwierig. Ständig hatte er etwas auszusetzen und andauernd Sonderwünsche. Ich passe künftig besser auf."

C ❑ Ich bin total erschrocken und stammle: „Ach du liebe Zeit! Bitte, bitte nicht sauer sein! Das war der Tag, an dem mein Dackel krank geworden ist, und ich war total neben der Spur."

Frage 8
Sie sitzen mit einer Kollegin im Büro, die gerade frisch verliebt ist. Mehrmals am Tag telefoniert sie mit ihrem neuen Freund. Gerade heute haben Sie selbst die Aufgabe, eine komplizierte Tabelle zu machen, und müssen sich konzentrieren. Ihre Kollegin bringt Sie mit ihrem Liebesgesäusel immer wieder aus dem Konzept. Was sagen Sie zu Ihrer Kollegin?

A ❑ „Mit deiner dauernden Quatscherei gehst Du mir tierisch auf den Keks. Ich weiß nicht, wie das bei Dir aussieht, aber ich habe viel zu tun."

B ❑ „Wenn Du deine Privatgespräche nicht unterlässt, melde ich das der Chefin. Wir werden ja sehen, was die dazu sagt."

C ❑ „Ich freue mich für dich, dass es dir so gut geht. Aber ich kriege richtig Stress, wenn ich den Abgabetermin nicht einhalte. Kannst Du deine Telefonate nicht auf abends verlegen?"

Frage 9
Ihnen ist aufgefallen, dass die Sekretärin öfter Schwierigkeiten mit dem Mailprogramm Ihrer Firma hat. Sie wissen ganz genau, wie es funktioniert, und würden ihr gern ein paar Tipps geben. Bei welcher Gelegenheit teilen Sie ihr diese Idee mit?

A ❑ Gleich morgens im Aufzug. Macht ja nichts, wenn die mitfahrenden Kolleginnen und Kollegen das mithören. So habe ich gleich mal gezeigt, wie viel Ahnung ich von Technik habe.

B ❑ Ich passe einen günstigen Moment während des Arbeitstages ab und spreche die Sekretärin darauf an, wenn wir beide allein im Büro sind.

C ❑ Ich warte bis zum Betriebsausflug, der in sechs Monaten stattfindet. Da ist der Rahmen etwas privater, und ich kann mich in Ruhe darauf vorbereiten, wie ich es richtig formuliere, damit die Sekretärin auch ja nicht beleidigt ist.

Frage 10

Ihr Kollege hat die Angewohnheit, öfters von Ihrem Schreibtisch die Schere wegzunehmen, weil er sie gerade braucht. An das Zurückbringen denkt er allerdings nie. Langsam nervt es Sie, dass Sie fast jeden Tag suchend durch das ganze Büro laufen, nur um Ihre Schere wieder in die Hand zu bekommen. Wie verhalten Sie sich Ihrem Kollegen gegenüber?

A ❑ Ich befestige ein großes Schild mit der Aufschrift „Hände weg von meinem Werkzeug!“ an der Schere.

B ❑ Ich sage meinem Kollegen bei nächster Gelegenheit: „Immer nehmen Sie meine Schere weg, weil Sie total unorganisiert sind und das nervt hier alle. Lassen Sie das bitte in Zukunft sein.“

C ❑ Ich spreche meinen Kollegen in einer Pause an: „Mir ist aufgefallen, das Sie öfter meine Schere ausleihen, dass Sie sie aber nie zurücklegen. Und wenn ich dann eine Schere brauche, muss ich erst überall nach ihr suchen. Denken Sie bitte daran, mir meine Schere immer gleich zurückzubringen oder besorgen Sie sich eine eigene.“

Auflösungen zum Praxistest Umgang mit Kritik

Frage 1
Empfehlenswert ist 1 B. Sie geben ehrlich zu, dass es Ihr Fehler war. Damit ist die Situation bereinigt. Mogeln und die Rechnung heimlich an den richtigen Platz abheften (1 A), ist grob unfair. Wenn Sie Ihren Fehler vernebeln (1 C), zeigen Sie damit, dass Ihnen die Folgen Ihres Handelns egal sind und Sie die ganze Angelegenheit nicht mit dem notwendigen Ernst betrachten.

Frage 2
Empfehlenswert ist 2 A, denn dann stören Sie die Besprechung nicht mit Ihrer Rechtfertigung. Nach der Besprechung können Sie dann in Ruhe Ihrer Chefin den Grund Ihres Zuspätkommens mitteilen. Außerdem hat sie sich dann wieder etwas beruhigt. Wenn Sie die laufende Besprechung stören, indem Sie einen Gegenangriff fahren (2 B), bringen Sie Ihre Chefin noch mehr gegen sich auf und die Situation kann sich hochschaukeln. Gar nichts sagen (2 C) ist feige und verschlimmert die Situation: Der Ärger ist nicht aus der Welt geschafft und droht bei nächster Gelegenheit (in verschärfter Form) wieder auszubrechen.

Frage 3
Mit 3 B signalisieren Sie Ihrem Chef, dass Sie sich Mühe gegeben haben und gehofft haben, dass Ihr Text ihn überzeugt. Dennoch akzeptieren Sie seine Anregungen, arbeiten diese ein – und lernen ein ganzes Stück dabei. Wenn Sie Ihre Meinung für sich behalten (3 A), verbauen Sie sich die Chance, etwas dazuzulernen – und machen es das nächste Mal wieder nicht gut genug. Und wenn Sie einfach beleidigt aus dem Büro trotten (3 C), verderben Sie sich nicht nur den Tag, sondern zeigen Ihrem Chef außerdem, dass Sie nicht sachlich mit Kritik umgehen können. Das wird er sich merken.

Frage 4
Mit 4 B entkräften Sie den entstandenen Eindruck, dass Sie verantwortungslos sind, und lassen den Chef an Ihren Überlegungen teilhaben. Sagen Sie offen, dass Sie mit Ihrem Kollegen eine Übereinkunft getroffen haben und dass dieser sich nicht daran gehalten hat. Sie

brauchen nicht für Fehler von anderen geradestehen. Einen Kollegen allerdings zu beschuldigen (4 A), kommt bei Vorgesetzten gar nicht gut an und wird als plumpes Ablenkungsmanöver angesehen. Auch das allgemeine Gejammer über zu viel Arbeit (4 C) trägt nicht zur Lösung der Angelegenheit bei und nervt den Chef in dieser Situation bestimmt.

Frage 5
In einer solchen Situation ist 5 B zu empfehlen. Wenn andere ihre Zusagen nicht einhalten, muss das angesprochen werden. Sagen Sie dem anderen ruhig, wie enttäuscht Sie sind – und zwar mit Ich-Botschaften. 5 A ist zwar eine nachvollziehbare Reaktion, aber mit Beleidigungen erreicht man für die Zukunft keine Einsicht. Und 5 C, das heißt, alles in sich reinzufressen, bringt es auch nicht, denn damit bringen Sie sich um die gute Laune und Ihren Kollegen um die Chance, dazuzulernen.

Frage 6
Wenn Sie Ihr Versäumnis offen zugeben (6 C) und gleichzeitig in Aussicht stellen, dass Sie sich in Zukunft an die Regeln halten, ist das die beste Strategie. Dazu gehört aber auch, dass Sie es dann wirklich tun. Mit einer Grundsatzdiskussion (6 A) erreichen Sie gar nichts. Sie bringen den ohnehin gereizten Meister höchstens auf die Palme. Die Werkstattordnung des Betriebs gilt schließlich für alle. Wenn Sie allerdings einen konkreten Verbesserungsvorschlag haben, sprechen Sie den Meister in einer ruhigen Minute ruhig darauf an. Mit Trotz (6 B) entkommen Sie zwar dieser Situation, dann ist aber zu erwarten, dass sich die Zurechtweisung des Meisters wiederholt – und dass sich dabei der Ton verschärft.

Frage 7
In diesem Fall liegen Sie mit Antwort 7 B richtig. Sie vergewissern sich erst, um welche konkrete Situation es sich handelt und wählen einen Mittelweg: Sie geben zu, dass Sie nicht ganz korrekt gehandelt haben und geben zu erkennen, dass Sie es beim nächsten Mal wieder besser machen. Erklären Sie am besten die besonderen Umstände der Situation, so dass Ihre Vorgesetzten dies nachvollziehen können. Alles

abzustreiten (7 A), ist leicht zu durchschauen und dabei unglaubwürdig. Schlecht ist auch, dem Vorgesetzten die Ohren voll zu jammern, wie bei 7 C beschrieben. Wenn eine außergewöhnliche private Belastung vorliegt, dann unterrichten Sie Ihren Vorgesetzten oder die Kolleginnen und Kollegen zu Beginn des Arbeitstages, damit diese Ihr Verhalten als Ausnahmesituation einordnen können.

Frage 8
Mit 8 C informieren Sie die Kollegin sachlich, dass Ihre (sowieso nicht gestatteten) Telefonate stören, ohne ihr dabei zu nahe zu treten. Einem solch sachlichen Einwand wird sie nichts mehr entgegenzusetzen haben. Wenn Sie persönlich und beleidigend werden (8 A), schaukelt sich der Streit nur hoch. Die Drohung, sie bei den Vorgesetzten anzuschwärzen (8 B), ist unkollegial und kann auch nach hinten losgehen. Nämlich dann, wenn die Kollegin Sie beim nächsten kleinen Fehler, den Sie begehen, beim Vorgesetzten verpetzt. Außerdem leidet dann das Arbeitsklima erheblich.

Frage 9
Empfehlenswert ist 9 B. Damit schaffen Sie rasch einen vertraulichen Rahmen, um Ihren Verbesserungsvorschlag mit der Sekretärin zu besprechen, ohne dass diese ihr Gesicht verliert. Wenn Sie, wie bei 9 A beschrieben, der Sekretärin lauthals im Aufzug von Ihrer Idee erzählen, wenn dabei andere Kolleginnen und Kollegen zuhören, steht die Sekretärin vor anderen als technische Null da. Schließlich wollen Sie doch helfen und nicht andere in eine peinliche Situation bringen. Bis zum Betriebsausflug in einigen Monaten müssen Sie aber auch nicht warten (9 C). Da ist man auf Vergnügen eingestellt und hat wenig Lust, sich mit Computerfragen zu beschäftigen.

Frage 10
Mit 10 C bringen Sie Ihren Ärger auf eine ruhige und sachliche Weise zur Sprache, so dass der Kollege Ihnen auch zuhört. Wenn Sie das Problem unnötig aufbauschen (10 A), verschlechtert sich der Umgangston mit Ihrem Kollegen erheblich. Mit 10 B steuern Sie direkt in ein Streitgespräch hinein, weil Sie Ihren Gesprächspartner mit Ihrer Sie-Botschaft nur unnötig reizen.

Das erwartet Sie im folgenden Kapitel

Ohne Worte: Wie man durch sein Erscheinungsbild kommuniziert

„Erst die Arbeit, dann die Flip-Flops."
(Japanische Weisheit)

Daniela in der Styling-Falle – aus dem Leben einer Azubi

Autsch, jetzt habe ich mir doch tatsächlich den Nagel abgebrochen. So ein Mist!, denkt Daniela. Sie steht in der Damentoilette im Kaufhaus „Shopper's" und überprüft noch einmal ihr Outfit, bevor sie nach der Mittagspause wieder an ihren Arbeitsplatz geht. *Da muss ich wohl heute Abend noch mal bei Veras Nagelstudio vorbeischauen, so kann ich doch unmöglich zu meiner Verabredung erscheinen!,* denkt sie sich und zieht sich noch einmal die Lippen nach. Ja, der neue Lippenstift ist wirklich megascharf. „Purple Rose" heißt er und passt genau zu dem bauchfreien Spaghettiträger-Top, das sie heute trägt. Schließlich ist es Hochsommer, 30 Grad im Schatten! *Wann soll man denn schließlich die ganzen Sommersachen anziehen, wenn nicht jetzt?,* denkt sie. Außerdem kommt so ihr Bauchnabelpiercing richtig gut zur Geltung. Insgesamt ist Daniela eigentlich ganz zufrieden mit ihrem Spiegelbild: leicht gebräunte Sommerhaut und lange dunkle Haare. Sie packt ihre Handtasche ein, besprüht sich zum Abschluss noch mit einer ordentlichen Dosis ihres Lieblingsparfüms und macht sich auf den Weg in ihre Abteilung.

Das ist „ihr Reich": Telekommunikation und IT. Hier gibt es alles, was die Herzen von Technikfreaks höher schlagen lässt – eindeutig die Lieblingsabteilung während ihrer bisherigen Ausbildung zur Einzelhandelskauffrau. Okay, die Abteilungen Damen-Oberbekleidung und Sportartikel waren ja ganz nett, aber hier gefällt es ihr am besten. Schon während der Schulzeit hat sie sich für Technik interessiert und sich inzwischen ein beachtliches Wissen angeeignet. Das macht Daniela im Freundeskreis und in der Familie zu einer gefragten Ansprechpartnerin für alle, die Probleme mit ihren Computern oder Handys haben. Selbst ihr großer Bruder fragt sie häufig um Rat und das macht sie besonders stolz.

Daniela hat sich heute vorgenommen, das Regal mit dem Handy-Zubehör neu zu ordnen. Sie geht durch die Nebentür in den Lagerraum der Abteilung. *Da ist ja jede Menge neue Ware aus der Zentrale gekommen,* denkt Daniela und macht sich gleich daran, die Angaben auf dem beiliegenden Lieferschein mit dem Auftragsformular zu vergleichen. Sie überprüft alle Positionen sehr gewissenhaft. Das ist notwendig, denn die Bestellungen werden vom Zentraleinkauf häufig lückenhaft bearbeitet. Sie schnappt sich einen Karton mit Handybags und geht wieder in den Verkaufsraum, um die Ware einzuräumen.

„Hallo, kannst Du mir mal sagen, wo ich hier die neuen Spielkonsolen finde?", wird sie auf einmal von einer männlichen Stimme hinter ihr gefragt. Diese Stimme kennt sie. *Oh, Gott, d e r Typ schon wieder,* denkt Daniela genervt. Er ist Stammkunde im Laden, findet sich ziemlich unwiderstehlich und will immer nur von ihr bedient werden. Daniela dreht sich rum und wirft erst einmal ihre Haare zurück. „Vielleicht kannst Du mich auch direkt hinführen?", fragt er und grinst. *Na, das ist ja ne tolle Anmache,* denkt sich Daniela. *Und dabei glotzt der mir dermaßen aufdringlich in meinen Ausschnitt!* Daniela führt den Kunden zu einer Sonderfläche am anderen Ende der Abteilung.

Daniela beginnt, dem Kunden die Funktionsweise und die technischen Highlights der unterschiedlichen Spielkonsolen ausführlich zu beschreiben. Sie empfiehlt ihm ein Gerät und erklärt dem Kunden die Leistungsfähigkeit der Grafikkarte und lobt dabei die brillante Bildqualität des Gerätes. Aber der Typ hört überhaupt nicht zu, sondern legt seine linke Hand auf ihren Arm. Daniela wird es zu bunt. „Wollen Sie jetzt, dass ich Ihnen das neue Modell vorführe, oder nicht?", sagt sie und hält ihm die Spielkonsole unter die Nase. „Logo, deswegen bin ich doch hier, oder?", erhält sie zur Antwort. Schließlich entscheidet sich der Kunde zum Kauf und nimmt auch gleich ein zweites Exemplar für einen Freund mit.

Daniela seufzt. Mensch, tun ihr schon wieder die Füße weh! Aber flache Treter sehen nun mal nach nichts aus zur engen Jeans, da sind High Heels einfach schöner. Sie bleibt mit den Absätzen zwar ständig in den Ritzen der Rolltreppe hängen, aber was soll's. Da muss sie jetzt durch. *Na, wenigstens klingelt die Kasse,* sagt sich Daniela, als sie dem Kunden seine Einkaufstüte in die Hand drückt.

Ans Einräumen ist auch weiterhin nicht zu denken. Ein Geschäftsmann, schätzungsweise um die 40 im grauen Dreiteiler, nähert sich dem Verkaufstresen. Er interessiert sich für einen Hochleistungs-Laptop. Er ist sehr höflich und zurückhaltend. Welche Wohltat, denkt Daniela. Doch sie hat sich zu früh gefreut. „Hören Sie, das klingt zwar alles ganz nett, was Sie mir da zu dem Laptop erzählen. Zufällig hat mein Kollege genau dieses Modell und er ist überhaupt nicht zufrieden damit. Ständig stürzt sein Mailprogramm ab."

Daniela kennt das Problem. Sie weiß, dass ein Bedienungsfehler dahinter steckt, der typisch ist für Benutzer, die zum ersten Mal auf dieses System umgestiegen sind. Sie erläutert dem Kunden die Gründe und gibt ihm konkrete Tipps, wie sich der Absturz des Mailprogramms vermeiden lässt. Aber der Kunde bleibt skeptisch. „Also ich weiß nicht, vielleicht sollten wir noch einen Ihrer Kollegen hierzu befragen. Der kennt sich damit doch bestimmt besser aus als Sie."

Daniela kocht innerlich vor Wut. Aber es bleibt ihr nicht anderes übrig, als ihren Kollegen Micha hinzuzuziehen. Sie klinkt sich aus dem Gespräch aus. Für den Kunden ist sie jetzt eh' Luft. Er ist voll auf Micha umgeschwenkt. *Wenigstens komme ich jetzt zum Einräumen dieser Handybags,* versucht sie sich aufzumuntern. Als sie nach einer Weile zu Micha und dem grauen Dreiteiler hinüberschaut, beobachtet sie, dass der Kunde die Abteilung verlässt. Ohne etwas gekauft zu haben.

Gleich ist es 15 Uhr. Heute Nachmittag steht für Daniela noch ein Gespräch mit dem Abteilungsleiter an. Insgesamt sind sie fünf Azubis. Einer von ihnen darf als Belohnung für gute Leistungen im Verkauf auf Kosten der Firma zum Eröffnungsevent der Funkausstellung. Mit

Übernachtung. Daniela rechnet sich gute Chancen aus. Schließlich kennt sie die Abteilung wie ihre Westentasche. Und sie macht eindeutig den größten Umsatz. Da macht ihr so schnell keiner was vor.

Gerade kommt Micha angetrabt. „Hallo Micha, na wie läuft es bei dir denn heute so?", ruft Daniela ihm zu. „Naja, es geht so", kommt es zurück, „Ich hab mir ein neues Handy gekauft, aber der Datenaustausch mit meinem elektronischen Terminkalender will einfach nicht klappen!"
„Du, das kenne ich. Klassisches Schnittstellenproblem. Wenn du Pech hast, musst du alles noch einmal per Hand eingeben."
„Das soll wohl ein Witz sein! In einer Fachzeitschrift habe ich gelesen, dass man das auch anders hinbekommt ..."
So langsam ist Daniela genervt. *Warum muss ich mich immer rechtfertigen?*, fragt sie sich. „Du, lass uns gehen. Es ist gleich 15 Uhr. Jetzt haben wir doch den Termin mit dem Lehmann", antwortet Daniela.

Im Büro von Herrn Lehmann haben sich schon die anderen Azubis Jana, Nuri und Max versammelt. Frau Dünnbier, seine Sekretärin, winkt Daniela und Micha durch. „Gehen Sie ruhig durch. Die anderen sind auch schon da." Daniela schließt die Tür. Sie steuert einen der freien Stühle an und muss sich wegen ihrer engen Jeans ganz vorn auf die Stuhlkante setzen. Eine ganze Viertelstunde hat Herr Lehmann nun schon geredet. Endlich kommt er zum Wesentlichen. „Und nun – lange Rede, kurzer Sinn – komme ich zur Verkündung des Gewinners, der sich vorbildlich für die Abteilung Telekommunikation und IT eingesetzt hat. Es ist Micha Baumann. Herzlichen Glückwunsch, Micha! Ich hoffe, Sie haben Spaß und kommen mit vielen interessanten Eindrücken zurück."

Den Rest hört Daniela schon nicht mehr richtig. Sie ist ganz schön enttäuscht. Es gehen ihr allerhand Gedanken über Micha durch den Kopf: *So etwas Ungerechtes, ausgerechnet der Micha! Der blickt bei der Technik kaum durch, redet immer schlau daher und kommt selbst in der größten Hitze mit Sakko und Krawatte zur Arbeit! So ein Streber! Kann aber noch nicht mal einen Laptop an den Mann bringen.* Am liebsten würde sie auf der Stelle gehen. Aber Herr Lehmann hat noch eine Bitte: „Ach Daniela, ich sehe gerade, Frau Dünnbier hat heute früher Schluss gemacht. Es macht Ihnen doch nichts aus, die Gläser und die Kaffeetassen wegzuräumen? Vielen herzlichen Dank!“

Na klasse! Der Tag heute war ja wirklich der Knaller. Was nützt mir eigentlich mein ganzer Einsatz, wenn am Ende solche Typen wie Micha die Anerkennung einheimsen? Was mache ich bloß falsch, denkt Daniela, als sie nach Geschäftsschluss nach Hause radelt. *Vielleicht kann mich der Lehmann einfach nicht leiden?*

Rückblende: Welche Fehler hat Daniela gemacht?

Haben Sie die Fehler von Daniela auf Anhieb erkannt? Es gibt bestimmte „Lieblingsfehler“ beim Job-Outfit, die man leicht begeht – ob aus Unsicherheit, Gedankenlosigkeit oder Unwissen. Im Rückblick werden hier die Erlebnisse von Daniela beleuchtet und erklärt. Wie wäre es richtig gewesen?

Danielas Outfit-Fehler haben dazu geführt, dass ihr technisches Wissen und ihr enormes Engagement gar nicht beachtet werden. Kunden und Vorgesetzte beurteilen sie nach ihrer äußeren Erscheinung und behandeln sie entsprechend, nämlich wie ein „Mäuschen“, das keine Ahnung von Technik haben kann.

So etwas kann natürlich auch Männern passieren, wenn Sie zu freizeitmäßig gekleidet sind (Bermudas!) oder viel Schmuck tragen. Auf den folgenden Seiten erfahren Sie, wie beide – Frauen und Männer – es besser machen.

Stichpunkt: Parfüm

Daniela legt mitten im Sommer eine ordentliche Dosis ihres Parfüms auf. Nach dem Motto: Viel hilft viel. Nicht immer die richtige Wahl.

Grundregel

Bei der Benutzung von Parfüm oder Aftershave ist auf die nasenverträgliche Duftwirkung auf andere zu achten. Schwere, süßliche Düfte werden am Arbeitsplatz von anderen schnell als zu aufdringlich und damit als unangenehm empfunden – besonders im Sommer. Umgekehrt gilt natürlich auch: müffeln verboten. Die richtige Dosis macht's eben! Mehr dazu lesen Sie auf der Seite 193.

Stichpunkt: Kleidung, Frisur, Make-Up und Schmuck

Daniela hat sich so zurechtgemacht, dass es eher für das abendliche Date geeignet ist – aber nicht für den Arbeitsplatz mit persönlichem Kundenkontakt: Spaghetti-Top, hautenge Hüftjeans, High-Heels, Körperschmuck, schweres Parfum. Ihr ist nicht bewusst, dass sie damit „overdressed" wirkt und zu sexy rüberkommt – mit dem Ergebnis, dass sie als Fachkraft nicht ernst genommen wird.

Grundregel

Wer es am Arbeitsplatz mit Frisur und Make-up übertreibt, braucht sich nicht zu wundern, wenn dies ungewollte Aufmerksamkeit erregt und von den fachlichen Gesichtspunkten eines beruflichen Kontaktes ablenkt. Auch für Männer gilt: Zu auffällige Frisuren und extremer Schmuck passen nicht ins berufliche Umfeld. Der Dresscode des Unternehmens sollte in jedem Fall befolgt werden, damit man von Kunden und Vorgesetzten ernst genommen wird. Mehr dazu lesen Sie auf der Seite 194.

Stichpunkt: Bewegungsfreiheit

Daniela findet, dass sie in High Heels besser aussieht als in bequemen Schuhen. Sie will nicht wahrhaben, dass sie sich selbst quält, wenn sie über zehn Stunden in unbequemen Schuhen zubringt, und dass dieses Schuhwerk einfach unpraktisch ist. Darunter leiden die Arbeitsleistung und die eigene positive Ausstrahlung.

Grundregel

Wer mit unbequemen und hochhackigen Schuhen den Arbeitstag bewältigen will, ist nicht gut beraten. Auch Schuhe, in denen die Füße leicht schwitzen, sollte man vermeiden. Schließlich ist man zehn Stunden und mehr auf den Beinen. Wer viel stehen muss: Schuhe zum Wechseln am Arbeitsplatz deponieren. Mehr dazu lesen Sie ab Seite 199.

Stichpunkt: Körperschmuck

Daniela ist stolz auf ihr Piercing und will es gerne zeigen.

Grundregel

Piercings sind heute aus der Mode nicht mehr wegzudenken. Auf Gleichaltrige wirken sie meist attraktiv und sexy. Gleichzeitig empfinden viele Menschen sie aber auch als irritierend – vor allem im Berufsleben. Dort wirken Piercings fast immer unseriös und sind einfach unpassend. Mehr dazu lesen Sie auf der Seite 191.

Stichpunkt: Sommerzeit

Daniela hat ihre Kleidung den hohen Sommertemperaturen angepasst und ist im bauchfreien Spaghettiträger-Top zur Arbeit erschienen.

Grundregel:

Kleiderordnungen gelten auch während der Sommermonate. Am Arbeitsplatz ist zuviel Haut – bauchfrei! – nicht erwünscht. Auch für Männer gilt: Keine Shorts und Sandalen. Wenn die Temperaturen steigen, sind für Frauen je nach Branche T-Shirts aus Baumwolle, kurzärmelige Blusen oder Sommerkleider (ohne Spaghettiträger!) die richtige Wahl. Männer bleiben bei langen Hosen und Hemden, zum Beispiel aus Baumwolle, weil man darin nicht so schwitzt. Mehr dazu lesen Sie ab Seite 199.

Kompaktwissen Erscheinungsbild

Was versteht man unter Kommunikation durch das eigene Erscheinungsbild?

Wenn von Kommunikation die Rede ist, denken Sie wahrscheinlich als Erstes an elektronische Kommunikation wie über E-Mail oder Handy und an den persönlichen Informationsaustausch im Gespräch mit anderen. Aber man kommuniziert auch ohne Worte, nur ist dies vielen Menschen nicht bewusst. Denken Sie an den letzten Urlaub im Ausland. Verständigung über Sprache? Oft genug Fehlanzeige! Also haben Sie einen anderen Weg gewählt, zum Beispiel über Gesten und über Blicke. Das ist die so genannte „nonverbale Kommunikation“: Verständigung ohne Worte. Im Urlaub haben Sie diese Formen mit höchster Wahrscheinlichkeit eingesetzt, um ein bestimmtes Ziel zu erreichen – das ersehnte Getränk, die benötigte Fahrkarte oder den notwendigen Zimmerschlüssel.

Daneben kommuniziert man auch durch Botschaften, die das eigene Erscheinungsbild „sendet“. Die Wirkung der eigenen Person auf andere hängt von folgenden Entscheidungen ab:

- Welche Bekleidung man wählt (T-Shirt? Bluse? Pullover? Sweatshirt? Jeans? Stoffhosen? Minirock? Shorts? Lederjacke? Anzug?)
- Welche Schuhe man trägt (Sneakers? Halbschuhe? Ballerinas? Flip-Flops? Cowboystiefel?)
- Welche Brille man auf hat (Designergestell? Nerd-Modell? Pilotenbrille? Sonnenbrille?)
- Mit welchem Schmuck man sich verschönert (Armreif? Ringe? Haarspange? Kette? Uhr? Tattoos? Piercings?)
- Was man auf dem Kopf trägt (Basecap? Beanie? Hut?)
- Mit welchen Accessoires man sich umgibt (Rucksack? Tasche? Handy? Handytasche? Handyton?)
- Welchen Look die Nägel haben (Natur? French Manicure? Lang und rot? Mit Glitzersteinchen?)

- Wie man sich schminkt (Unauffällig Ton in Ton? Falsche Wimpern? Knallrote Lippen? Permanent-Make-up?)
- Wie man riecht (Verschwitzt? Muffig? Dezentes Parfüm? Aufdringlicher Duft?)

Sich modebewusst anzuziehen und sich sorgfältig gestylt zu präsentieren, ist vollkommen normal und macht ja auch Spaß. Schließlich waren Mode und Styling schon immer Ausdrucksformen eines bestimmten Lebensstils.

Machen Sie aber sich bewusst, dass Ihr Erscheinungsbild auch dann etwas über Sie „erzählt", wenn Ihnen solche Äußerlichkeiten so ziemlich egal sind: wenn Sie am liebsten ausgeleierte T-Shirts tragen, wenn Ihre bequemen Sneakers schon bessere Tage gesehen haben oder wenn Sie regelmäßige Friseurbesuche für Geldverschwendung halten. Auch dann teilen Sie durch Ihr Aussehen anderen Menschen etwas über sich mit – ob Sie es nun wollen oder nicht. Es ist also unmöglich, nicht zu kommunizieren, ob mit Worten oder ohne.

Das war nicht so wichtig, als Sie noch in der Schule waren und allenfalls hier und da einmal einen Aushilfsjob in den Ferien hatten. Mit dem Eintritt ins Berufsleben befinden Sie sich aber plötzlich in einer völlig anderen Situation. Warum dies so ist und was dies für Ihren Berufsalltag bedeutet, lesen Sie auf den folgenden Seiten.

Was hat das eigene Erscheinungsbild mit dem Beruf zu tun?

Sie kennen vielleicht die Redewendung: Kleider machen Leute. Ist schon alt, stimmt aber immer noch. Dieser Spruch drückt aus, welchen Stellenwert die Kleidung hat, wenn es um die Wirkung auf andere Menschen geht. Aber was genau ist damit gemeint? Zunächst einmal nicht nur die Kleidung, sondern das gesamte Erscheinungsbild von den Haarspitzen bis zur Schuhsohle.

Warum ist der erste Eindruck so wichtig? Das Aussehen ist das Erste, was man von einem anderen Menschen wahrnimmt. Man hat herausgefunden, dass innerhalb von sieben Sekunden eine Meinung zu diesem Menschen entsteht. Und mal ehrlich: Sie reagieren doch auch spontan mit Sympathie, Respekt oder Ablehnung, wenn Sie einem anderen Menschen das erste Mal begegnen, ohne dass Sie auch nur die geringste Ahnung von seinem Charakter haben?

Dieses Verhalten führt natürlich leicht zu Fehleinschätzungen und kann auch ganz schön ungerecht sein. Aber anstatt darüber zu jammern, ist es klüger, diese Tatsache im Beruf zum eigenen Vorteil zu nutzen. Also drehen Sie doch einfach den Spieß um und senden Sie Signale aus, die Sie am Arbeitsplatz sympathisch erscheinen lassen und die außerdem unterstreichen, dass Sie sich bei Ihrer Arbeit auskennen.

Damit ist klar: Topmodische, lässige oder extrem körperbetonte Kleidungsstücke sind zwar eine prima Sache – doch alles zur passenden Gelegenheit. Und in diesem Fall heißt das in der Freizeit und eben nicht im Beruf. Selbstverständlich haben Sie die freie Wahl, wie Sie sich am Arbeitsplatz kleiden und zurechtmachen. Wenn es aber dann nicht so rund läuft, wie Sie es sich vorgestellt haben, bitte nicht jammern und anderen die Schuld geben.

Eigentlich ist es ganz einfach:

- Wenn es Ihnen egal ist, ob Sie nach der Probezeit übernommen werden oder nicht, ob Sie den interessanteren Job ergattern oder jemand anderes – dann können Sie die Tipps in diesem Kapitel natürlich ignorieren.
- Wenn Sie allerdings gute Beurteilungen Ihrer Vorgesetzten erreichen möchten und beruflich vorankommen wollen, ist es einfach wichtig, die äußere Erscheinung den Anforderungen des Beruflebens anzupassen.

Willkommen im richtigen Leben!

Na, ob das wirklich so wichtig ist?, werden Sie vielleicht denken, *gerade die Supererfolgreichen unter den Musikern, Sängerinnen, Filmschauspielerinnen oder Sportlern tauchen doch manchmal in den schrägsten Klamotten bei offiziellen Anlässen auf.* Das stimmt natürlich. Aber Vorsicht: Lassen Sie sich besser nicht in die Irre führen vom Auftreten erfolgreicher Menschen aus Film, Musik und Unterhaltung in der Öffentlichkeit.

Wenn zum Beispiel ein bekannter Schauspieler in ausgelatschten Sneakers, schrillem Sakko und Dreitagebart zur Filmpremiere erscheint, sollten Sie sich daran nicht gerade ein Beispiel nehmen. Denn er muss seine Arbeitgeber nicht mehr von seinem Können überzeugen. Er kann es sich schlicht und einfach leisten, herumzulaufen wie er will, ohne dass ihm daraus Nachteile entstehen würden. Das Gleiche gilt für Schauspielerinnen, die in verrückten Entwürfen von angesagten Modedesignern herumlaufen, die wildesten Frisuren tragen oder deren Ausschnitt bei öffentlichen Auftritten mehr zeigt als bedeckt. Besonders Frauen gewinnen durch die Bekleidungsempfehlungen in Modezeitschriften, den Look von Popstars in Musikvideos und das Styling von Fernsehmoderatorinnen leicht eine verfälschte Sichtweise über das, was man unter professionellem Erscheinungsbild versteht.

Auch in Ihrem beruflichen Umfeld werden Ihnen immer wieder einmal „Paradiesvögel" über den Weg laufen, gerade wenn Sie in der Medien- oder Werbebranche arbeiten. Aber dann bitte diesen Bekleidungsstil nicht einfach nachmachen: In der Regel haben sich diese Menschen in der Vergangenheit durch ihre Leistungen ein hohes Ansehen in ihrem Beruf erarbeitet und können es sich deshalb erlauben, bekleidungstechnisch auch mal „auszubrechen".

Für Berufseinsteigerinnen und Berufseinsteiger gilt dies leider (noch) nicht. Sie müssen Ihre Vorgesetzten und Kolleginnen und Kollegen erst noch davon überzeugen, dass Sie etwas drauf haben und es in Ihrem Beruf zu etwas bringen möchten. Sie entscheiden selbst, ob Ihr Erscheinungsbild Sie dabei unterstützt, oder ob Sie durch einen unprofessionellen Look ständig die eigene Kompetenz untergraben.

Wie wirkt welches Outfit im Beruf?

Am Körper lassen sich nur bedingt Änderungen vornehmen. Man ist eben groß, klein, schlank, kräftig, zierlich oder muskulös. Dafür kann niemand etwas. Aber wie man diesen Körper „verpackt", dafür ist man schon verantwortlich. Es zahlt sich einfach aus, wenn man diese „Verpackung" passend aussucht.

Die Wirkung eines passenden Outfits

- Es verdeutlicht anderen, dass Sie Ihre Arbeit ernst nehmen.
- Es signalisiert Sachkenntnis und Kompetenz bei den Dingen, die Sie tun.
- Es stärkt Ihre Akzeptanz bei Vorgesetzten und Kollegen.
- Es stärkt Ihre Akzeptanz bei Kunden und Geschäftspartnern.
- Es zeigt, dass Sie erwachsen sind und die Spielregeln verstanden haben.

Welche Bedeutung haben Uniformen oder Berufskleidung?

Grundsätzlich ist zwischen einzelnen Berufsgruppen zu unterscheiden. Am einfachsten ist die Frage nach der Kleidung bei solchen Berufen zu beantworten, in denen es eine Uniform gibt. Wer zum Beispiel bei Polizei, Verkehrsbetrieben, Luftfahrt, Autovermietung oder Gastronomieketten arbeitet, hat keine andere Wahl, als die für alle vorgeschriebene Kleidung zu tragen.

Uniformen haben eine bestimmte Funktion: Sie zeigen Außenstehenden die Zugehörigkeit zu einem bestimmten Unternehmen und geben Auskunft über die Funktion des Trägers oder der Trägerin. In der Regel haben auch gerade diese Berufsgruppen strenge Vorschriften, was Frisur, Körperschmuck, etc. betrifft. Sie sind verpflichtet, diese Bestimmungen während der Arbeitszeit einzuhalten.

In Industrie- und Handwerksbetrieben ist für bestimmte Berufe, zum Beispiel auf dem Bau oder in Fertigungs- oder Lagerhallen, aus Sicherheitsgründen sogar eine entsprechende Schutzbekleidung vorgeschrieben, wie Sicherheitsschuhe, Schutzhelme oder Arbeitshandschuhe. Ähnlich sieht es beispielsweise bei Ärzten und Krankenpflegepersonal und bei Laborberufen aus. Hier sorgen weiße Kittel für ein oberflächlich einheitliches Erscheinungsbild. In Supermärkten oder technischen Dienstleistungsbetrieben gibt es stets eine einheitliche Dienstkleidung für die Mitarbeiterinnen und Mitarbeiter. Wer in diesen Berufen arbeitet, muss sich weniger um die Frage kümmern: Was ziehe ich an? Es heißt aber nicht, dass er sich um die Frage herummogeln kann: Wie sehe ich aus?

Welche Grundregeln sollten Sie beim Outfit beachten?

Das kann doch nicht so schwer sein, denken Sie vielleicht, *ich gehe so zur Arbeit, wie es mir gefällt. Schließlich muss ich mich ja in meinen Klamotten wohlfühlen*. Dass man sich in seinen Sachen wohlfühlen soll, ist natürlich wichtig. Das bedeutet aber noch lange nicht, dass dies das einzige Argument sein darf, das Ihre Auswahl beeinflusst.

Bei allen anderen Berufen, ob Bankkauffrau oder Steuerfachgehilfe, Kfz-Mechatroniker oder Erzieherin, Einzelhandelskaufmann oder Kosmetikerin gibt es Grundregeln für das professionelle Outfit. Selbstverständlich sehen diese bei einem Bankkaufmann anders aus als bei einer Tierpflegerin. Wer bei einer Bank arbeitet, repräsentiert eine konservative Branche und drückt dies auch durch die Wahl seiner Kleidung (Anzug, Krawatte, Lederschuhe) aus. Eine Tierpflegerin muss ihre Kleidung selbstverständlich stärker nach praktischen Gesichtspunkten zusammenstellen.

Was gehört zu einer gepflegten Erscheinung?

Bevor es um konkrete Hinweise für das passende Styling im Beruf geht, gibt es zunächst die sieben wichtigsten Tipps für eine gepflegte

Erscheinung. Ohne sie ist der aufwendigste Look wirkungslos. Diese Tipps gelten immer – und ausnahmslos für alle Berufe.

Die sieben Basics für eine gepflegte Erscheinung:

1. Achten Sie darauf, dass Sie jeden Tag frische Sachen anziehen.
2. Lüften Sie Ihre Jacken oder Mäntel über Nacht, besonders wenn Sie abends aus waren. Kalter Rauch in der Kleidung oder Essensgerüche vom abendlichen Kneipenbummel sind einfach unangenehm.
3. Achten Sie darauf, dass Ihre Kleidung keine abgerissenen Säume, fehlenden Knöpfe und keine Flecken hat.
4. Wenn Sie körperlich arbeiten, achten Sie auf Kleidung aus Baumwolle, in der Ihre Haut atmen kann und in der Sie nicht so schwitzen. Dies gilt gerade für die heißen Sommermonate.
5. Wählen Sie geputzte Schuhe ohne schief getretene Absätze.
6. Achten Sie darauf, dass Ihre Haare frisch gewaschen sind.
7. Pflegen Sie Ihre Hände und achten Sie auf saubere Nägel.

Diese Basics gelten für alle Berufe – auch für die in Uniform. Denn zu einem gepflegten Äußeren gehört das gesamte Erscheinungsbild, das man seinen Mitmenschen präsentiert. Also nicht nur die Kleidung, sondern auch Frisur, Hände und Nägel, Make-up und Körperschmuck. Niemand möchte Ihnen den Spaß an der eigenen Verschönerung nehmen. Wichtig dabei ist allerdings, dass Sie es nicht übertreiben und dabei Extreme vermeiden – ganz gleich in welche Richtung.

Warum sollte man beim Erscheinungsbild Extreme vermeiden?

Vorgesetzte schätzen es nicht, wenn Ihre Mitarbeiter und Mitarbeiterinnen äußerlich zu stark aus dem Rahmen fallen. Sei es durch Frisur, Kleidung, Tattoos etc. Deswegen sollten Sie auf alle Fälle Extreme in beide Richtungen vermeiden. Also weder zu lässig bis nachlässig (ungepflegt) noch zu modisch und schrill (überstylt). Die richtige Balance macht's. Was genau damit gemeint ist, kommt jetzt.

Alles Hautsache: Piercing und Tattoos

Piercings und Tattoos sind echte Hingucker und liegen auf der Liste der Körperverschönerungen ganz weit vorn. Obwohl sie sich schon seit Jahren durchgesetzt haben und für die meisten Leute etwas ganz Selbstverständliches darstellen, werden Piercings und Tattoos dennoch von manchen Menschen nach wie vor als irritierend und sogar unschön empfunden. Hinzu kommt: Viele Menschen verbinden mit einer schrillen Aufmachung mangelnde berufliche Ernsthaftigkeit und fachliche Unfähigkeit. Und das wollen Sie ja sicher vermeiden.

Kein Wunder also, dass gerade in konservativen Branchen ein solcher Look nicht gerade das ist, was sich Ihre Vorgesetzten unter „vertrauenswürdig" vorstellen. Besonders bei Unternehmen wie Banken, Sparkassen, Versicherungen, Rechtsanwaltskanzleien und Steuerberatungsunternehmen sollten Sie sich so auf gar keinen Fall am Arbeitsplatz präsentieren. Wenn Sie also nicht gerade bei einem Videosender einen Job als Moderator oder Moderatorin ergattert haben, dann verzichten Sie am Arbeitsplatz lieber auf Piercings und Tattoos.

Tipp: Beschränken Sie Tattoos und Piercings sicherheitshalber auf Körperstellen, die in bekleidetem Zustand für andere unsichtbar sind. Damit sind Sie fein raus. Allerdings ist damit auch klar: keine Gesichtspiercings. Am besten, Sie fragen bei Ihren Vorgesetzten nach, wenn Sie planen, sich ein Tattoo stechen zu lassen. Dann gibt es keine unangenehme Überraschung.

Haare & Co.

Auch bei der Frisur gilt es, sich eher an einer gemäßigten Mode zu orientieren und vor allem bei längeren Haaren unbedingt darauf zu achten, dass sie immer sauber und gepflegt aussehen.

Auf Folgendes sollten Sie bei Haar & Co achten:

- Saubere, schuppenfreie Haare
- Keine Experimente mit Schockfarben und bunten Strähnen
- Gemäßigter Haarschnitt ohne extrem ausrasierte Partien
- Langes Haar nicht offen tragen, sondern als Pferdeschwanz
- Die Ansätze gefärbter Haare regelmäßig nachbehandeln lassen
- Bart regelmäßig trimmen (gilt auch für Dreitagebart!)

Hände sagen alles

Seit einigen Jahren hat sich auf breiter Front eine Mode durchgesetzt, über die es geteilte Meinungen gibt. Gemeint sind künstliche Fingernägel. Der Wunsch, mit gepflegten Nägeln durch die Welt zu gehen, ist verständlich. Wenn die Länge der Fingernägel allerdings die Ausmaße von Krallen annimmt, wenn die Nägel in Knallfarben lackiert sind und womöglich noch mit Glitzersteinchen verziert werden, dann können Sie am Arbeitsplatz keine Akzeptanz erwarten – es sei denn, Sie arbeiten in einem Nagelstudio.

Die Gründe dafür sind:

- Ein übertriebenes Nagelstyling wirkt auf viele Menschen nicht vertrauenswürdig.
- Lange und allzu kunstvolle Nägel rufen außerdem leicht den Eindruck hervor, dass man sich im wahrsten Sinn des Wortes „nicht die Finger schmutzig machen will", sich also vor unangenehmen Arbeiten drückt.
- Mit überlangen Nägeln fallen manche Tätigkeiten schwer, zum Beispiel die Bedienung der Computertastatur oder des Telefons. Die entsprechenden Verrenkungen wirken dann ziemlich lächerlich.

alles halb so wild. Auf den folgenden Seiten erhalten Sie Tipps, wie Sie sich angemessen anziehen, ohne sich total zu verbiegen. Und wie finden Sie nun das richtige Maß? Die Antwort lautet: indem Sie den Dresscode an Ihrem Arbeitsplatz entschlüsseln.

Was ist ein Dresscode?

Die Regeln, nach der die unterschiedlichen Branchen und Unternehmen ihre Anforderungen an das Erscheinungsbild beschreiben, nennt man Dresscode. Wie schon erwähnt, kann dieser von Branche zu Branche verschieden sein. Deshalb kann man auch keinen allgemeinen Dresscode empfehlen, der für alle gilt. Viele Firmen erwarten von ihren „Neuzugängen" das selbstständige Entschlüsseln des geltenden Dresscodes. Nach dem Motto: Wenn sie oder er clever ist, dann wird sie oder er schon allein herausfinden, wie man sich hier bei uns passend kleidet. Nicht in jedem Unternehmen existiert eine Kleiderordnung, die Ihnen alles schwarz auf weiß erklärt. Allerdings können Sie den Dresscode – wie eine Art Geheimsprache – auch allein knacken.

Welche Funktion hat ein Dresscode?

Das Erscheinungsbild eines Unternehmens nach außen – sein Image – wird im Wettbewerb immer wichtiger. Unternehmen aller Branchen sind bestrebt, nach außen ein möglichst gutes Bild abzugeben. Schließlich sind die Kunden kritisch und können unter einer riesigen Angebotsvielfalt wählen. Und wo die Kunden immer anspruchsvoller werden, was Service, Leistung und Image betrifft, steigen auch die Ansprüche der Vorgesetzten an Mitarbeiterinnen und Mitarbeiter. Um diesen Ansprüchen zu genügen, soll der Dresscode dafür sorgen, dass das äußere Erscheinungsbild der Belegschaft innerhalb eines Unternehmensbereichs möglichst einheitlich ist. Der Dresscode eines Unternehmens hat also folgende Funktionen:

- Er soll den Charakter eines Unternehmens widerspiegeln: In einer Bank geht es eher konservativ und formell zu, in einer Boutique modisch und auch etwas unkonventionell, im Handwerk ordentlich und zweckmäßig.
- Er soll bei Kunden für einen gewissen Wiedererkennungseffekt sorgen: Diese fühlen sich bei jedem Mitarbeiter wohl, weil das Outfit ihren Erwartungen entspricht und werden nicht durch „Outfit-Ausreißer“ irritiert.

Damit wird klar, dass das berufsbezogene Erscheinungsbild nicht auf willkürlichen Vorlieben von Vorgesetzten beruht, sondern einen wichtigen Beitrag zum Erfolg – oder zum Misserfolg – „Ihres“ Unternehmens leistet. Denn alle Beschäftigten, auch die Auszubildenden, sind das Aushängeschild einer Firma!

Wie entschlüsseln Sie den Dresscode Ihrer Firma?

Es gibt verlässliche Anhaltspunkte, die Ihnen bei der Auswahl der passenden Kleidung weiterhelfen. Dabei kommt es vor allem auf die Branche an, in der Sie arbeiten. Machen Sie sich bewusst, dass eine Bank eine andere Außenwirkung haben möchte als eine Schreinerei oder ein Reisebüro. Eine Anwaltskanzlei hat ein anderes (konservativeres) Image als zum Beispiel ein Fitnessclub oder eine soziale Einrichtung. Aber keine Panik: Wenn sie die nachfolgenden Fragen beantworten, kommen Sie dem Dresscode in Ihrem Unternehmen (fast) ganz von selbst auf die Spur.

Ihr persönlicher Dresscode-Wegweiser:

- Welchen Kleidungsstil haben Ihre Kolleginnen und Kollegen?
- Wie sind Ihre Vorgesetzten gekleidet?
- Haben Sie an Ihrem Arbeitsplatz mit Kunden zu tun?
- Sind diese Kunden jung oder älter, konservativ oder flippig?

- In welcher Branche arbeiten Sie?
- Arbeiten Sie überwiegend in einem Büro?
- Arbeiten Sie überwiegend im Sitzen?
- Verbringen Sie einen großen Teil Ihres Arbeitstages im Freien?
- Ist Ihre Arbeit mit körperlicher Anstrengung verbunden?
- Wird Ihre Kleidung auch mal schmutzig?

Viele dieser Informationen können Sie schon im Rahmen Ihres Bewerbungsgesprächs unauffällig prüfen. Häufig werden Sie ja bereits dort mit Ihren künftigen Kolleginnen und Kollegen bekannt gemacht und durch das Unternehmen geführt. Trainieren Sie Ihre Wahrnehmung, um ein Gespür dafür zu entwickeln, wie „Ihr" Unternehmen tickt.

Wie sammelt man mit dem passenden Outfit Punkte?

Wenn man das eigene Erscheinungsbild verfeinern will, sollte man sich auch Gedanken darüber machen, mit welchen Accessoires man sich schmückt. Denn zum Gesamterscheinungsbild gehört nicht nur das, was man anhat, sondern auch das, was man sonst noch so trägt oder dabei hat:

- Uhr
- Schmuck
- Haarschmuck
- Brille (auch Sonnenbrille!)
- Brillenetui
- Kosmetikbeutel
- Kalender
- Geldbeutel
- Aktentasche
- Handtasche

- Rucksack
- Handy (Klingeltöne!)

Mit all diesen Gegenständen, mit denen Sie Ihre Kolleginnen und Kollegen tagtäglich sehen, senden Sie Botschaften aus. Und das können auch Botschaften sein, die sich unvorteilhaft auf Ihr Erscheinungsbild auswirken.

Peinliche Styling-Pannen auf einen Blick:

- Nachgemachte Designer-Produkte (Uhren, Schuhe, Taschen, T-shirts)
- Bekleidung im Camouflage-Look
- Sportklamotten (grellbunte Jogging-Schuhe, Trainingshosen, Hoodies)
- Gothic-Look mit entsprechend düsteren Accessoires
- Kindlich wirkende Verzierungen an Handys, Rucksäcken oder Taschen (Bärchen, Glitzerkettchen, Schleifen)
- Handyhüllen mit Hello-Kitty-Aufdruck oder schrillen Motiven
- Kontaktlinsen mit grellen Horrormotiven

Solche Ausfälle drücken bestenfalls eine Schwäche für schrägen Humor aus. Eine ernsthafte Einstellung zu Ihrem Beruf vermitteln Sie damit mit Sicherheit nicht. Also nicht auf halber Strecke haltmachen: Achten Sie darauf, dass Sie professionell rüberkommen und dass Ihr Gesamtauftritt mit dem Image Ihres Arbeitgebers harmoniert.

In drei Schritten zum passenden Job-Outfit:

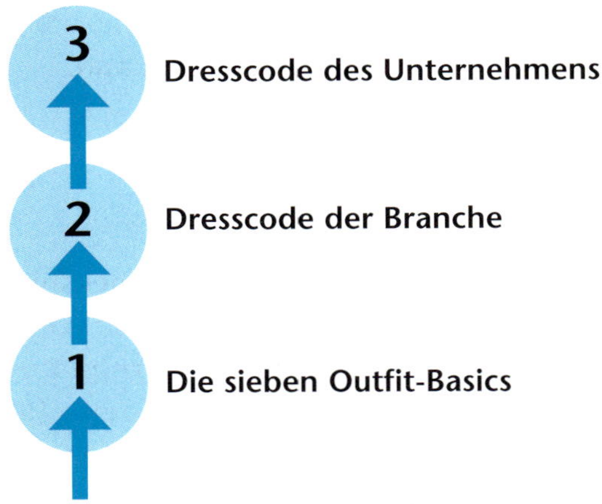

1. Beginnen Sie mit den sieben Outfit-Basics (siehe Seite 190).
2. Informieren Sie sich über den Dresscode der Branche, in der Sie arbeiten.
3. Knacken Sie noch den Dresscode des Unternehmens, in dem Sie arbeiten.

Dann haben Sie das passende Job–Outfit für sich gefunden.

Außerdem gilt: In der Probezeit der Ausbildung lieber etwas mehr Wert auf Kleidung und Aussehen legen, als sich zur Lässigkeit verleiten zu lassen. Gehen Sie auf Nummer sicher.

Mit der Zeit bekommen Sie mehr Sicherheit und damit das richtige Gespür für das, was in diesem speziellen Unternehmen gewünscht wird. Trauen Sie sich, nachzufragen, wenn Sie unsicher sind. Holen Sie ruhig mehrere Meinungen ein. Das ist besser, als gegen die (meist ungeschriebene!) Kleiderordnung zu verstoßen und damit ungewollt Minuspunkte zu sammeln.

Welche Rolle spielt der Standort des Unternehmens?

Auch der Unternehmenssitz spielt eine Rolle bei der Zusammenstellung des Job-Outfits. Bei der kleinen Sparkassenfiliale auf dem Dorf wird es nicht ganz so streng zugehen wie bei der Zentrale einer deutschen Großbank. Und wenn Sie in einem Kosmetikstudio in einer Großstadt arbeiten, werden Sie stärker auf Ihre Erscheinung achten müssen als bei einem kleinen Betrieb auf dem Land.

Was gilt für Frauen?

Besonders für Frauen ist es wichtig, sich am Arbeitsplatz zurückhaltend zu kleiden. Die Mode der letzten Jahre ist sehr körperbetont, und in der Schule war das auch nie ein Problem. Jetzt im Berufsleben sind allerdings tiefe Dekolletés, High Heels und gewagte Hüftjeans tabu, wenn Sie als Frau im Beruf von anderen (besonders von Ihren männlichen Kollegen und Vorgesetzten) ernst genommen werden wollen.

Wer allzu plump seine körperlichen Vorzüge betont, kann sich zwar der Aufmerksamkeit der Männer sicher sein. Doch Vorsicht: Diese vermeintliche Sympathie ist trügerisch. Denn wenn es um Gehaltserhöhung oder interessante Projekte geht, wird nicht diejenige berücksichtigt, die das originellste Bauchnabelpiercing zur Schau stellt, sondern diejenige, die durch Engagement und fachliches Können punktet. Es lohnt sich also, einmal zu überlegen, welche Art der Aufmerksamkeit man mit seiner Erscheinung hervorrufen will.

Nur damit kein Missverständnis aufkommt: Dies bedeutet nicht, dass Sie sich unweiblich oder spießig anziehen sollen. Gepflegtes Aussehen ist für das berufliche Fortkommen förderlich und die Betonung der eigenen Weiblichkeit ist auch wünschenswert. Es geht bei diesem Aspekt lediglich um Übertreibungen.

Welche Kleidung sollten Frauen am Arbeitsplatz vermeiden?

Geben Sie Ihrem Drang nach abenteuerlichen Absatzhöhen, bauchfreien Tops und Push-up-BHs in Ihrer Freizeit nach. So viel Sie wollen und so lange Sie wollen. Erlaubt ist, was (Ihnen) gefällt. Nur leider nicht am Arbeitsplatz.

Wir müssen leider zu Hause bleiben:

- Trägerlose Tops
- Spaghettiträger-Tops
- Bauchfreie Tops
- Tops mit großem Dekolleté oder tiefem Ausschnitt
- Extrem kurze Miniröcke
- Shorts
- Überdimensionale Schlabberpullis
- Sportschuhe
- High Heels
- Flip-Flops
- Gesundheitstreter

Das sind die Ausnahmen:

Auch hier gibt es natürlich Arbeitsplätze, bei denen die Kleiderfrage unter anderen Gesichtspunkten zu bewerten ist. Wer im Fitnessstudio arbeitet, der würde ohne Sportklamotten unglaubwürdig aussehen, und wer in einer Trendboutique seine Ausbildung macht, dem werden auch knappe Kleidung und eine schräge Frisur nicht schaden. Aber das sind seltene Ausnahmen, die keine Allgemeingültigkeit besitzen.

Das heißt ja nicht, dass Sie sich überhaupt nicht modisch anziehen dürfen oder Ihren Stil völlig ändern müssen. Wählen Sie für den Beruf eine abgemilderte und gemäßigte Version Ihrer Lieblingsstücke. So können Sie alles prima kombinieren und Sie fühlen sich nicht verkleidet. Diese Beispiele zeigen, was gemeint ist:

Outfit-Tausch-Baukasten für Frauen

Statt ...	Lieber ...
Ausgefransten, ausgewaschenen knappen Hüftjeans	Klassische Jeans in dunklen Farben
Shorts	Rock in gemäßigter Länge oder handbreit über dem Knie
Sneakers in grellen Farben	Ballerinas aus Leder
High Heels	Pumps mit gemäßigtem Absatz
Spaghettiträger-Tops	Kurzarm-T-Shirt

Was gilt für Männer?

Auch für Männer gilt: Wer sich am Arbeitsplatz zu körperbetont und zu auffällig anzieht, tut sich damit keinen Gefallen. Das führt nämlich dazu, dass Ihre Kolleginnen und Kollegen zwar Ihren Mut zu trendigen Outfits bewundern, Ihnen aber fachlich nicht allzu viel zutrauen. Auch eine nachlässige oder zu freizeitmäßige Kleidung verhindert, dass Sie als sachkundige und vertrauenswürdige Fachkraft wahrgenommen werden. Dies gilt für alle Branchen, auch für handwerkliche und gewerbliche Berufe, wo sich bei vielen männlichen Auszubildenden die Meinung hartnäckig hält, es käme beim Outfit nicht so darauf an.

Allerdings ist auch klar, dass in Büroberufen und im Einzelhandel das äußere Erscheinungsbild besonders wichtig genommen wird. So gehören im Büro Sportsocken, Krawatten mit Comic-Figuren, Sandalen oder Bermudas zu den modischen Ausrutschern, mit denen Sie bei Vorgesetzten und Kunden keinesfalls auf Anerkennung hoffen dürfen. Und so weit wollen Sie es ja sicher nicht kommen lassen.

Welche Kleidung sollten Männer am Arbeitsplatz vermeiden?

Wir müssen leider zu Hause bleiben:

- Motto-T-Shirts (z.B. „War spät gestern“, „Rammstein-Tourdaten“, „Bundesliga-Trikots“)
- Ärmellose T-Shirts
- Sportklamotten
- Bunt gemusterte Kurzarmhemden
- Bermudas
- Baseball-Kappen, Strickmützen, modische Hüte
- Sport- und Trainingshosen aus Jersey
- Auffällig ausgestattete Sneakers
- Krawatten und Socken mit Comic-Figuren
- Kleidungsstücke im Army-Look
- Cowboystiefel
- Gesundheitstreter

Das sind die Ausnahmen:

Selbstverständlich können Angehörige von Gesundheitsberufen auch die entsprechenden Gesundheitsschuhe tragen. Wenn Sie bei einem lokalen Radiosender mit jungem Zielpublikum oder einer Werbeagentur arbeiten, wird kaum einer die Nase über ein witziges Motto-T-Shirt oder die Cowboystiefel rümpfen. Aber dies sind seltene Ausnahmen, die Sie nicht als allgemeine Richtlinien bewerten sollten.

Outfit-Tausch-Baukasten für Männer

Statt ...	Lieber ...
Trainingshose	Klassische Jeans in dunklen Farben
Bermudas	Baumwollhosen
ausgelatschte Sneakers	Schlichte Stiefel in schwarz oder braun mit Ledersohle
Motto-Shirt	Langarm-Hemd aus Baumwolle
Schwere Motorradjacke	Klassische Lederjacke aus dünnerem Leder

Wie kombiniert man das Job-Outfit mit Unternehmungen nach Feierabend?

Tagsüber konservative Aufmachung an der Hotelrezeption und nach Arbeitsschluss eine Verabredung mit dem Freund? Oder umgekehrt: tagsüber Blaumann in der Werkstatt und abends mit den Kumpels in die Disco? Da will natürlich jeder passend angezogen sein und nicht durch zu förmliche oder zu arbeitsmäßig aussehende Kleidung auffallen. Aber was tun, wenn man keine Zeit nach der Arbeit hat, um zum Umziehen nach Hause zu fahren? Da ist natürlich die Verlockung groß, sich schon morgens für abends anzuziehen. Dies ist allerdings keine empfehlenswerte Vorgehensweise.

Tipp: Packen Sie die entsprechenden Kleidungsstücke ein und ziehen Sie sich nach Feierabend in der Firma um. Je mehr Kleidungsstücke Sie mit den „neuen" Sachen kombinieren können, desto einfacher wird es natürlich. Hier gilt: Mit wenigen Änderungen eine große Wirkung erzielen. Wenn Sie also abends keine Zeit mehr haben, sich zu Hause umzuziehen, beherzigen Sie die folgenden schnellen Lösungen und Sie sind in wenigen Minuten auf Freizeit eingestellt. Sneakers statt

Lederschuhe, ein anderes T-Shirt oder Hemd – und schon sind Sie für die Unternehmungen gerüstet, die Sie nach Feierabend vorhaben.

So machen Frauen ihr Job-Outfit in zehn Minuten freizeittauglich. Ob schick oder lässig – es funktioniert in beide Richtungen:

- Schuhe tauschen.
- Accessoires tauschen (auffälligere Ohrringe, Gürtel, Tücher).
- Körperbetontes T-Shirt statt klassischer Bluse.
- Haare offen tragen oder mit Gel anders stylen.
- Make-Up auffrischen.

So machen Männer ihr Job-Outfit in drei Minuten freizeittauglich. Ob schick oder lässig – es funktioniert in beide Richtungen:

- Schuhe tauschen.
- Haare mit Gel stylen.
- Lieblings-T-Shirt statt Hemd mit Firmenlogos.
- Andere Jacke anziehen.

Praxistest Erscheinungsbild

Beantworten Sie die folgenden Fragen, um Ihr Wissen über das eigene Erscheinungsbild anzuwenden. Die Fragen schildern alltägliche Situationen, in denen Sie mit einem angemessenen Erscheinungsbild positiv auffallen können. Die Auflösungen mit Erläuterungen lesen Sie ab Seite 211.

Frage 1
Sie arbeiten in einer Möbelschreinerei und liefern heute einen Schrank bei einer Kundin an. Welche Kleidung tragen Sie, wenn Sie zur Kundin in die Wohnung kommen?

A ❑ Ich lasse natürlich meine Arbeitsklamotten an. Das bisschen Holzstaub am Arbeitskittel wird die Kundin doch nicht stören.

B ❑ Ich fahre vorher extra nach Hause und ziehe mich besonders schick an, damit die Kundin nicht schlecht von unserem Schreinerbetrieb denkt.

C ❑ Ich bürste meine Arbeitskleidung gut ab und achte vor allem darauf, dass meine Schuhe nicht schmutzig sind. Außerdem prüfe ich noch mal, ob Haare und Hände sauber und ordentlich aussehen.

Frage 2
Sie machen eine Ausbildung zur Rechtsanwaltsgehilfin und arbeiten bei einer großen Wirtschaftskanzlei. Heute ist Ihr erster Tag und Sie sind unentschlossen, was Sie anziehen sollen. Wie entscheiden Sie sich?

A ❑ Nicht kleckern, sondern klotzen ist meine Devise. Ich habe auf einen ganz edlen Hosenanzug gespart. Schließlich muss man den anderen ja gleich mal zeigen, wo's langgeht.

B ❑ Ich ziehe meine Lieblingsjeans an. Zur Feier des Tages habe ich mir noch ein modisches Top mit großzügigem Ausschnitt zugelegt. Damit man nicht zu viel Haut sieht, ziehe ich einen Fellschal darüber.

C ❑ Ich ziehe eine dunkle Hose an und dazu meinen neuen Blazer und flache Schuhe. Damit kann ich nichts verkehrt machen.

Frage 3
Ihr Chef feiert seinen Geburtstag und hat zum Stehempfang eingeladen. Der Stehempfang findet am Freitag Mittag um 12 Uhr statt. Anschließend haben Sie – männlich – frei und sind mit Freunden zum Schwimmen verabredet, können aber vorher nicht mehr nach Hause. Wie lösen Sie die Bekleidungsfrage?

A ❑ Ich ziehe heute meine gute Hose und ein langärmeliges Hemd an. Meine Jeans, Sportschuhe und die Badesachen habe ich in einem Rucksack dabei. Bevor ich gehe, ziehe ich mich schnell um.

B ❑ Ich ziehe unter meine lange Hose ein paar Bermudas an und trage unter mein Hemd mein Motto-T-Shirt. Dann kann ich im Auto nachher die oberste Schicht einfach ausziehen.

C ❑ Ich komme mit Bermudas und meinem ausgewaschenen Designer-Poloshirt zum Empfang. Bei uns zu Hause geht's bei Geburtstagen auch immer recht lässig zu.

Frage 4
In Ihrer Clique lassen sich alle gerade wieder mal neue Tattoos verpassen. Sie sind seit einem Monat bei einer Bank als Azubi beschäftigt und würden sich auch gern ein neues Tattoo machen lassen. Was tun Sie?

A ❑ Ich sage zu den anderen: „Sorry, Leute, bei mir hat der Ernst des Lebens angefangen. Bei so einer spießigen Bank brauche ich nicht mit einem Tattoo anzukommen. Die schmeißen mich dann in hohem Bogen raus."

B ❑ Ich sehe ein, dass ein Tattoo am Unterarm nicht in Frage kommt und entscheide mich für eine Stelle am Bauch.

C ❑ Ich suche mir eine schöne Stelle aus und denke: *Bank hin oder her. Das müssen die schon abkönnen. Das gehört schließlich zu meiner Persönlichkeit.*

Frage 5
Sie machen eine Ausbildung zur Heizungsinstallateurin und waren in den ersten Monaten mit dem Meister bei Reparaturaufträgen unterwegs. Weil Sie sich so gut anstellen, schlägt der Firmeninhaber vor, Sie während der Urlaubszeit im eigenen Sanitärfachgeschäft im Verkauf einzusetzen. Wie erscheinen Sie am ersten Tag dort zur Arbeit?

A ❑ Na, wie wohl? Ich lasse den Blaumann einfach weg und komme so wie immer, also Jeans und T-Shirt.

B ❑ Ich gehe nach Feierabend mal kurz dort vorbei, um mir anzuschauen, wie die anderen dort angezogen sind. Denn zu schick will ich auch nicht daherkommen.

C ❑ Ich ziehe mir das rosa Kostüm an, das ich mir für die Hochzeit meines Bruders gekauft habe. Ich fühle mich darin zwar wie verkleidet, aber was soll's!

Frage 6

Gestern ist es spät geworden mit den Kumpels und Sie – männlich – sind heute morgen noch ziemlich müde und leider sieht man Ihnen das auch an. Blöd, dass Sie ausgerechnet heute an einem wichtigen Kundentermin teilnehmen sollen, um zu lernen, wie man geschickte Preisverhandlungen führt. Wie ist Ihre Outfitstrategie für den kommenden Tag?

A ❑ Ich kann mich heute beim besten Willen nicht zu Hemd und Krawatte aufraffen. Heute können mich nur noch meine Lieblingsjeans und die tollen neuen Cowboystiefel retten. Wenn ich meiner Chefin erzähle, dass ich heute nicht in Hochform bin, hat sie dafür sicher Verständnis.

B ❑ Wenn man sich schlecht fühlt, muss man nicht auch noch schlecht aussehen. Ich versuche mich zu motivieren, indem ich mir heute besondere Mühe mit meinem Aussehen gebe. Der Kundentermin ist schließlich wichtig – und dass ich zu spät ins Bett gekommen bin, ist ja meine eigene Schuld.

C ❑ Meine Stimmung ist einfach auf dem Tiefpunkt. Zum Rasieren und Haarewaschen habe ich heute überhaupt keine Lust. Am besten ziehe ich die Sachen von gestern noch einmal an, dann brauche ich mir schon mal nicht über meine Klamotten den Kopf zu zerbrechen. Der Tag wird schließlich noch hart genug.

Frage 7

Sie – männlich, 18, Azubi bei einem Telekommunikationsunternehmen – werden vom Geschäftsführer zu einem persönlichen Gespräch gebeten. Er bittet Sie, besser auf ihr Äußeres zu achten. Es hätten sich bereits Kunden des Shops über Ihre ungepflegte Erscheinung beschwert. Was kann er gemeint haben?

A ❑ Also, ich finde meinen Dreitagebart cool.

B ❑ Meine Freundin hat's mir ja vorhergesagt, dass der Dreitagebart nicht so gut ist. Also gut, ab morgen werde ich mich jeden Tag rasieren.

C ❑ Keine Ahnung, zählen denn nicht die inneren Werte? Diesen Aufstand wegen meines Aussehens kann ich überhaupt nicht verstehen. Alle Männer haben schließlich Haare im Gesicht.

Frage 8
Sie machen eine Ausbildung zur Arzthelferin. Da Sie viel stehen müssen, haben Sie oft Schmerzen in den Füßen. Welche Schuhe tragen Sie ab morgen?

A ❑ Also, da ist nichts zu machen. Pumps mit hohem Stiletto-Absatz müssen sein. Der weiße Kittel ist ja schon langweilig genug.

B ❑ Mir langt's! Ich habe keine Lust mehr darauf, dass mir immer die Füße wehtun. Ab morgen trage ich im Sommer immer Flip-Flops und sonst eben meine alten Turnschuhe.

C ❑ Ich habe gesehen, dass alle anderen Gesundheitssandaletten tragen. Morgen kaufe ich mir auch ein Paar. Ich muss mir ja nicht gerade das hässlichste Modell aussuchen.

Frage 9
Sie machen eine Ausbildung zum Einzelhandelskaufmann an einer Tankstelle. Wenn Sie im Servicebereich arbeiten und mit dem Essensangebot zu tun haben, ist das Tragen einer Base-Cap vorgeschrieben. Wie verhalten Sie sich da?

A ❑ Ich ziehe die Kappe auf, wie vorgeschrieben. Sieht zwar nicht so toll aus, aber sie soll schließlich verhindern, dass Haare ins Essen fallen.

B ❑ Na gut, ich ziehe die Kappe auf, aber eben verkehrt herum. Dann merken die Kunden wenigstens, dass ich nicht so ein Dutzendtyp bin.

C ❑ Ich lasse die Kappe weg. Mit Kappe sehe ich ja total bescheuert aus. Für mich macht der Geschäftsführer sicher eine Ausnahme. Morgen spreche ich ihn mal darauf an.

Frage 10
Sie sind stolz auf Ihr neues Handy und statten es mit verschiedenen Jingles aus. Wie programmieren Sie das Handy?

A ❑ Ich wähle für alle 50 Gesprächspartnerinnen und Gesprächspartner, mit denen ich im Laufe eines Tages so telefoniere, verschiedene Handytöne. Die Kolleginnen und Kollegen werden über die gelungene Auswahl staunen.

B ❑ Ich nehme als Jingle den Ton einer Feuerwehrsirene. Damit ich das Klingeln auch nicht überhören kann, stelle ich den Ton möglichst laut. Das ist doch echt ein Spaß!

C ❑ Für die drei wichtigen Menschen, die mich im Betrieb anrufen, wähle ich neutrale Rufsignale. Ich benutze das Handy im Betrieb nur im Notfall und schalte es meistens auf „stumm“.

Auflösungen zum Praxistest

Frage 1
Die Lösung 1 C ist passend für den Kundenkontakt. Damit kommen Sie gepflegt rüber und repräsentieren den Schreinerbetrieb angemessen. Denn niemand findet es gut, wenn Sie mit unsauberen Schuhen den Boden bei anderen Leuten verschmutzen wie bei 1 A beschrieben. Ein „Verkleiden" wie bei 1 B ist aber auch nicht nötig und wirkt in diesem Fall höchstens lächerlich.

Frage 2
Mit 2 C sind Sie auf der sicheren Seite, denn dann können Sie sich erst mal anschauen, wie die anderen angezogen sind und das in den folgenden Tagen noch entsprechend anpassen. Mit dem edlen Hosenanzug (2 A) wirken Sie höchstwahrscheinlich viel zu elegant und sind damit total overdressed. Der Flohmarkt-Mix in Lösung 2 B ist originell, aber eher fürs Privatleben geeignet.

Frage 3
Mit der Lösung 3 A haben Sie eine gute Methode gefunden, Stehempfang und Freizeit zu kombinieren. Das Vorgehen in 3 B ist zwar originell, aber nicht empfehlenswert. Die Freizeitbekleidung scheint durch und das sieht dann doch recht merkwürdig aus. Bei Lösung 3 C ist Vorsicht geboten. Hier kommt es ganz auf den Dresscode der Firma an. Bedenken Sie, dass dieses Outfit beim Chef als zu lässig ankommen kann und er dann denkt, dass Ihnen sein Geburtstag vollkommen egal ist.

Frage 4
Die Variante 4 A, nämlich gar kein Tattoo machen zu lassen, ist natürlich eine Lösung. Muss aber nicht sein. Wenn Sie sich das Tattoo sehr wünschen, ist 4 B die richtige Alternative. Diese Entscheidung ermöglicht es Ihnen, ein Tattoo zu tragen, ohne dass es gleich alle sehen. Die Lösung 4 C ist mutig, aber unklug, weil Tattoos in der Finanzbranche als unerwünscht gelten und ein Tattoo sich nicht ohne Weiteres entfernen lässt.

Frage 5
Die Idee, vorher mal vorbeizuschauen und den Dresscode zu knacken (5 B), ist gut, denn danach können Sie den Umgang in dem Sanitärfachgeschäft einschätzen und die passende Kleidung für sich zusammenstellen. Die Lösung „so wie immer" (5 A) ist wahrscheinlich zu lässig und passt dann nicht zu Ihrer Rolle als Fachkraft, die beim Verkauf auch berät. Das rosa Kostüm (5 C) ist absolut nicht geeignet, denn wenn Sie sich wie verkleidet fühlen, sind Sie im Kundenkontakt auch nicht überzeugend.

Frage 6
Mit 6 B beweisen Sie Gespür für Ihr Erscheinungsbild und retten sich durch Selbstdisziplin aus der schwierigen Lage. Mit der Lösung 6 A tragen Sie zwar die Bekleidungsstücke, die Ihnen selbst ans Herz gewachsen sind – trotzdem wirkt das Outfit auf den Kunden wahrscheinlich unpassend. Und mit 6 C haben Sie einfach eine ungepflegte Ausstrahlung – und das kommt sicher nicht gut an.

Frage 7
Mit der Einsicht 7 B kommen Sie dem Kern des Problems nahe und beweisen Mut zur Veränderung. Die Einstellung 7 A ist zwar selbstbewusst, aber nicht sehr kundenorientiert, denn Sie sollten darauf achten, wie Sie bei den Kunden ankommen. Und ein Dreitagebart sieht meistens nur in Modezeitschriften richtig gut aus. Die Lösung 7 C dagegen ist weltfremd. Kundengespräch und innere Werte gehen in diesem Fall nicht zusammen. Bei kurzen Kontakten läuft ein großer Teil der Kommunikation eben über die Erscheinung ab.

Frage 8
Mit der Lösung 8 C liegen Sie richtig. Sie haben den Dresscode Ihres Arbeitsplatzes entschlüsselt. Außerdem tun Sie sich mit bequemen Schuhen selbst etwas Gutes – und Ihre Ausstrahlung wird positiver. Hohe Absätze (8 A) sind in einer Arztpraxis nicht angebracht – und außerdem tun Ihnen dann weiterhin die Füße weh. Allzu freizeitmäßig (Flip-Flops) sollten Sie aber auch in einer Arztpraxis nicht herumlaufen (8 B). Schließlich üben Sie einen verantwortungsvollen Beruf aus.

Frage 9
Mit der Lösung 9 A verhalten Sie sich richtig. Wenn Sie die Kappe verkehrt herum tragen (9 B), werden Sie garantiert mehrmals am Tag darauf hingewiesen, die Kappe umzudrehen. Und das nervt. Die Lösung C können Sie vergessen, denn der Geschäftsführer kann für Sie keine Ausnahme machen, sonst will jeder Azubi eine Ausnahmeregelung für irgendetwas.

Frage 10
Mit der Lösung 10 C zeigen Sie, dass Sie verstanden haben, dass der Betrieb eine Ausbildungsstätte ist und kein Abenteuerspielplatz. Mit der Verhaltensweise 10 A nerven Sie im Betrieb, und das wird schnell untersagt werden. Handygespräche sollten Sie nur in Ausnahmesituationen führen, denn dabei unterbrechen Sie ja jedes Mal Ihre Arbeit. Wenn Sie Ärger mit Ihren Kolleginnen und Kollegen haben möchten, wählen Sie Lösung 10 B. Ein solches Vorgehen ist für den Arbeitsplatz wirklich ganz unpassend.

3

LOG-OUT

Das Rabenschwarze ABC

Ein kleines Lexikon der schlimmsten Peinlichkeiten, der fettesten Fettnäpfchen, der schrecklichsten Pannen, der dicksten Dinger und der unglaublichsten Verhaltensflops

Nach so vielen Fakten und Tipps erwartet Sie zum Abschluss eine kleine Lockerungsübung. Schließlich soll bei allem der Humor nicht zu kurz kommen. Hier nun im Schnelldurchlauf eine Zusammenstellung von absichtlichen und unabsichtlichen Verhaltensflops, denen man im Berufsalltag begegnen kann – und die man unbedingt vermeiden sollte.

Auch wenn Sie bei manchen Begriffen vielleicht denken: *So was gibt es doch gar nicht, das ist doch jetzt frei erfunden*! Die rabenschwarze Wahrheit ist: eben nicht. Alles schon da gewesen, alles mehrfach passiert und mit wirklich düsteren Folgen. Also lassen Sie sich entspannt entführen in diese kleine Parade der Peinlichkeiten.

A wie

Angeber sein und sich was auf sein Aussehen einbilden
Anonym Betriebsgeheimnisse posten
Aufräumen nur dann, wenn es gar nicht mehr anders geht

B wie

Bauchfrei zur Arbeit erscheinen
Beleidigt sein, wenn man verbessert wird
Bildschirmschoner mit sexy Instagram-Models installieren
Blabla formulieren beim Small Talk

C wie

Campingplatzatmosphäre bei der Frühstückspause schaffen
Computertastatur mit Cola versauen
Containerweise Süßigkeiten im Schreibtisch bunkern

D wie

Du zum Chef sagen – ohne dass er es einem angeboten hat
Dreitagebart ungebremst wachsen lassen
Durchmogeln wollen und lieber andere arbeiten lassen

E wie

Einschleimen, indem man andere anschwärzt
Eleganz falsch verstehen und im Konfirmationsanzug erscheinen
Entnervt alles hinschmeißen, wenn's mal nicht so läuft

F wie

Falsche Informationen weitergeben, um andere zu ärgern
Ferienreise einfach buchen, ohne die Urlaubsplanung abzustimmen
Feste feiern und am Schreibtisch einschlafen

G wie

Gähnen, wenn Vorgesetzte etwas Wichtiges mitzuteilen haben
Gefällt mir klicken, nur weil es andere auch tun
Grummeln als Antwort auf eine Frage

H wie

Händchen halten in der Teambesprechung
Heimlich auf dem Klo rauchen
Hip-Hop-Tanzschritte im Verkaufsraum üben
Hustenanfall bekommen, ohne die Hand vor den Mund zu halten

I wie

Ideen von anderen kritisieren, weil man keine eigenen hat
Indiskret über andere tratschen
Insider sein wollen, obwohl man keinen blassen Schimmer hat

J wie

Ja-Sager sein und immer alles gut finden

Jammern, wie viel man zu tun hat

Joghurt von anderen aus dem Kühlschrank klauen

K wie

Kaugummi unter die Schreibtischplatte kleben

Keine Ahnung von nichts haben – und das im 3. Lehrjahr

Knoblauchfahne tragen beim Kundengespräch

L wie

Lässigkeit zeigen durch Jeans mit Löchern

Langsam reagieren, wenn schnelles Handeln gefragt ist

Luftgitarre spielen im Empfangsbereich der Firma

M wie

Machosprüche loslassen, um cool zu wirken

Mmmmmm brummen für „Ja“

Mmmmmm brummen für „Danke“

Mmmmmm brummen für „Guten Morgen“

Multitasking versuchen und nichts auf die Reihe kriegen

N wie

Namen von anderen aus Bequemlichkeit falsch aussprechen

Nicht hingucken, wenn jemand Hallo sagt

Nonstop mit dem Smartphone rumspielen

Nussnougatcreme auf Briefen verkleckern

O wie

Oberweite mit Megaausschnitt betonen

Ökolatschen anhaben bei allen Anlässen

Originell sein wollen mit Uralt-Witzen

Out-door-Bekleidung tragen, wenn man in-door arbeitet

P wie

Partyqueen spielen um 10 Uhr morgens
Petzen, weil man sich lieb Kind machen will
Piercing zeigen, um den Chef zu beeindrucken

Q wie

Qualmen ohne Rücksicht auf andere
Quatschen in voller Lautstärke, wenn andere telefonieren

R wie

Radiergummis an Bleistiften anknabbern
Rummaulen, wann denn endlich die Frühstückspause beginnt
Rumknutschen, wenn vermeintlich keiner guckt

S wie

Schokolade essen und gleichzeitig telefonieren
Selfies während der Arbeitszeit schießen und auf Facebook posten
Smartphones in fremden Büros aufladen
Spaßbremse sein und sich bei Geselligkeiten von Kollegen ausklinken
Stringtangas tragen, die beim Bücken rausgucken

T wie

Taschentücher benutzt auf dem Schreibtisch liegen lassen
Tattoo am Bauch zur Schau stellen
Teilen auf Facebook, aber nicht beim Geburtstagskuchen
Türen anderen vor der Nase zuschlagen

U wie

U-Boot-Taktik anwenden und untertauchen, wenn's viel zu tun gibt
Überhören, was andere von einem möchten

V wie

Vergessen, Telefonate auszurichten
Verstecken, was andere dringend suchen
Vogel zeigen, wenn man sich ärgert
Vorwand erfinden, warum man die Krawatte „vergessen“ hat
Vordrängeln, wenn sich Leute in einer Schlange anstellen

W wie

Wahnsinnshitze als Vorwand für kurze Hosen benutzen
Warten, bis andere tun, was man selbst nicht tun will
Weckruf überhören und morgens einfach weiterschlafen
Weltuntergangsstimmung verbreiten, wenn mal was nicht klappt

X wie

X-beliebige Ausrede fürs Zu-spät-kommen erfinden
Xmasgrüße vergessen
XXL-Kaugummiblasen machen aus Langeweile

Y wie

Yeti spielen: Kaum ist man da, ist man wieder weg
Yoga-Übungen auf dem Schreibtisch machen
YouTube-Video als Zeitvertreib reinziehen
Yuccapalme nicht gießen, wenn die Kollegin im Urlaub ist

Z wie

Zickenterror anzetteln, weil die andere ein Lob bekommen hat
Zornröschen spielen, wenn die Kollegin eine andere Meinung hat
Zugangscode zum PC ändern und den Rest des Tages frei nehmen
Zuhause bleiben, wenn's abends spät war
Zutexten von anderen beim Small Talk

Gewusst, wo: Nützliche Weblinks zum Thema Berufsausbildung

Neugierig auf weitere Themen rund um Ausbildung und Beruf? Dann klicken Sie doch mal auf die folgenden Internetseiten, die hier für Sie zusammengestellt sind. Alle, die Lust auf ein „Mehr" an Information haben, finden hier Interessantes rund um das Thema Berufsausbildung.

Eine Vielzahl von Verbänden, Institutionen und Initiativen haben praktische Tipps zum Berufseinstieg für Sie parat. In den Diskussionsforen können Sie sich außerdem mit anderen Auszubildenden darüber austauschen, was Sie im Ausbildungsalltag so erleben. Reinklicken lohnt sich also.

www.abi.de
www.aim-mia.de
www.aubi-plus.de
www.ausbildung.net
www.ausbildung-plus.de
www.azubi-azubine.de
www.azubitage.de
www.azubiyo.de
www.bafoeg-aktuell.de
www.bankazubi.de
www.berufenet.arbeitsagentur.de
www.bibb.de
www.bildungsserver.de
www.bmas.de
www.bmwi.de
www.boys-day.de
www.elementare-vielfalt.de
www.deinezukunft.eu
www.dgb-jugend.de
www.dihk.de
www.einstieg.com

www.friseurhandwerk.de
www.girls-day.de
www.handwerk.de
www.handwerkskammer.de
www.idee-it.de
www.it-berufe.de
www.jugend.dgb.de
www.karriere-im-maschinenbau.org
www.it-bildungsnetz.de
www.lizzynet.de
www.planet-beruf.de

Das Internet ist ein Informationsmedium, das sich schnell verändert. Dies kann dazu führen, dass Websites nach einiger Zeit veränderte Inhalte anbieten. Verlag und Autorinnen übernehmen daher keine Verantwortung für die Aktualität der hier genannten Websites, für deren Inhalte oder die dort angegebenen Links.

Zu den Autorinnen

Ingrid Ute Ehlers fand Projekt-Management schon toll, als sie noch gar nicht wusste, dass es so heißt. Während ihres Studiums zur Diplom-Industriedesignerin – und danach – begegneten ihr immer wieder spannende Herausforderungen. Eine inhaltliche Brücke von der europäischen Produktwelt zur ostasiatischen schlagen? In kürzester Zeit einen Messestand aufbauen, zu dem die Exponate fehlen? Neue Themen aufbereiten und Bücher daraus machen? Ingrid Ute Ehlers managt dies mit einer Kombination aus Experimentierfreude und Zielorientierung.
Das wird geschätzt, wenn sie Unternehmen und Institutionen bei der Durchführung von Projekten berät. Das Know-how dazu hat sie in zahlreichen anspruchsvollen Projekten erworben. Dabei sind Informationsmanagement und soziale Spielregeln im Projekt für sie besonders wichtig – Themen, die ihrer Meinung nach in diesem Zusammenhang nach wie vor unterschätzt werden. Heute vermittelt sie ihr Wissen außerdem in Seminaren und Workshops für Unternehmen und Bildungsträger sowie durch Lehraufträge an Hochschulen.
Dabei macht die von den Teilnehmenden eingebrachte Erfahrung jeden Workshop einzigartig. Das gemeinsame Erarbeiten des Themas führt immer wieder zu neuen, aufschlussreichen Erkenntnissen.

Unter dem gemeinsamen Dach **Vitamin-K-Plus** hält Ingrid Ute Ehlers – zusammen mit Regina Schäfer – Seminare für Azubis zum gesamten Themenspektrum der Sozialen Spielregeln im Beruf. **Vitamin-K-Plus** berät außerdem Unternehmen bei der Vermittlung verhaltensbezogener Themen an Auszubildende sowie im Bereich Ausbildungsmarketing und bietet hierzu Workshops für Ausbilder/-innen und Personalverantwortliche an.

Kontakt:
Ingrid Ute Ehlers, Diplom-Industriedesignerin
Rugierstraße 78
65929 Frankfurt am Main
office@vitamin-k-plus.de
www.vitamin-k-plus.de

Regina Schäfer hat eine Lieblings-Spielwiese: Alles, was mit den 26 Buchstaben des Alphabets zu tun hat. Also ist es nicht wirklich überraschend, dass sie Literaturwissenschaft und Geschichte studierte und das Studium erfolgreich abschloss. Nach dem Studium hatte sie allerdings von akademischen Spitzfindigkeiten erst einmal genug.
Bis heute beschäftigt sie sich mit der Wirkung von Sprache auf andere: Wie funktioniert sprachliche Kommunikation untereinander? Wie lässt sich Kompliziertes einfach und verständlich ausdrücken? Wie formuliert man Texte so, dass sie gern gelesen werden?
Diese praxisnahe Auffassung von Sprachkompetenz vertrat sie erfolgreich während ihrer mehrjährigen Führungstätigkeit in der freien Wirtschaft. Neben ihren Kommunikationsaufgaben war ihr auch immer der Kontakt zu den Auszubildenden wichtig, die sie während der Ausbildungszeit betreute.
Heute berät Regina Schäfer Unternehmen in Fragen der internen und externen Unternehmenskommunikation. Ihre Erfahrung vermittelt sie außerdem in Seminaren und Workshops und begeistert als Lehrbeauftragte Studierende für die Vielfalt sprachlicher Ausdrucksmöglichkeiten.

Unter dem gemeinsamen Dach **Vitamin-K-Plus** hält Regina Schäfer – zusammen mit Ingrid Ute Ehlers – Seminare für Azubis zum gesamten Themenspektrum der Sozialen Spielregeln im Beruf. **Vitamin-K-Plus** berät außerdem Unternehmen bei der Vermittlung verhaltensbezogener Themen an Auszubildende sowie im Bereich Ausbildungsmarketing und bietet hierzu Workshops für Ausbilder/-innen und Personalverantwortliche an.

Kontakt:
Regina Schäfer, M.A.
Schumannstraße 64
60325 Frankfurt am Main
office@vitamin-k-plus.de
www.vitamin-k-plus.de

Zweiter Sieger
Willkommen in der Mittelschicht

Wer bislang liebeskranken Vampiren und fesselnden Romanzen aus dem Weg zu gehen versuchte, kann bei „Zweiter Sieger" beruhigt zugreifen: 20 kurzweilige Geschichten aus dem wahren Leben – auf Augenhöhe, humorvoll und absolut echt!

„Ich fürchte mich nicht, ich komme aus der Mittelschicht!"

Erhältlich überall, wo es Bücher gibt und im Onlineshop unter
www.bwverlag.de

Paul Tommek
240 Seiten

Softcover 14,90 €
ISBN: 978-3-8214-7689-6